科技教师能力提升丛书

人工智能与开源硬件

高凯 高山 主编

清华大学出版社
北京

内 容 简 介

本书将人工智能与开源硬件紧密结合，尝试用开源硬件实现人工智能的功能，为科技教师提供人工智能课程资源。本书选取了在人工智能领域较为典型的应用，包括语音识别、图像识别、无人驾驶、物联网等，并以项目式教学（project-based learning，PBL）的形式将知识的讲解和学习融入项目中。本书中的案例具有一定的可拓展性，教师在学习了基本知识和项目以后，能够根据本校学生的特点进行拓展，本书配有丰富的课程案例与资源。可以说，本书更像是一个"引子"，引导更多教师参与到人工智能的教育中来。

本书可作为中小学校、校外培训机构、科技馆所等科技教师和科技辅导员的培训用书，也可作为教师提升科学素养，提高专业能力，开展教学活动的参考用书。

图书在版编目（CIP）数据

人工智能与开源硬件 / 高凯，高山主编 . —北京：清华大学出版社，2020.12（2021.7重印）（科技教师能力提升丛书）

ISBN 978-7-302-56889-6

Ⅰ . ①人… Ⅱ . ①高… ②高… Ⅲ . ①人工智能—程序设计 Ⅳ . ① TP18

中国版本图书馆 CIP 数据核字（2020）第 226917 号

责任编辑：王剑乔
封面设计：刘　键
责任校对：李　梅
责任印制：丛怀宇

出版发行：清华大学出版社
　　　　　网　　址：http://www.tup.com.cn，http://www.wqbook.com
　　　　　地　　址：北京清华大学学研大厦A座　　　　　邮　　编：100084
　　　　　社 总 机：010-62770175　　　　　邮　　购：010-62786544
　　　　　投稿与读者服务：010-62776969，c-service@tup.tsinghua.edu.cn
　　　　　质量反馈：010-62772015，zhiliang@tup.tsinghua.edu.cn
印 装 者：小森印刷（北京）有限公司
经　　销：全国新华书店
开　　本：203mm×260mm　　　印　　张：9.75　　　字　　数：215千字
版　　次：2020年12月第1版　　　印　　次：2021年7月第2次印刷
定　　价：69.00元

产品编号：087377-01

丛书编委会

顾　问

吴岳良　匡廷云　金　涌　黎乐民　赵振业　张锁江

主　编

马　林

副主编

刘晓勘

编委成员（以下按姓氏笔画排序）

王　田　王　霞　朱丽君　毕　欣　闫莹莹　何素兴　李　璠

杜春燕　张　飞　张　珂　张晓虎　陈　鹏　陈宏程　卓小利

周　玥　赵　溪　郑剑春　郑娅峰　高　山　高　凯　郭秀平

傅　骞　谭洪政

评审委员（以下按姓氏笔画排序）

王洪鹏　叶兆宁　付　雷　付志勇　白　明　白　欣　司宏伟

吕　鹏　刘　兵　刘　玲　孙　众　朱永海　张文增　张军霞

张志敏　张增一　李云文　李正福　陈　虔　林长春　郑永春

姜玉龙　柏　毅　翁　恺　耿宇鹏　贾　欣　高云峰　高付元

高宏斌　詹　琰

项目组组长

张晓虎

项目组成员（以下按姓氏笔画排序）

丁　岭　王　康　王小丹　王志成　王剑乔　石　峭　田在儒

刘　然　吴　媛　张　军　张　弛　张和平　芦晓鹏　李　云

李佳熹　李金欢　李美依　屈玉侠　庞　引　赵　峥　洪　亮

聂军来　韩媛媛　程　锐

丛书序

当前，我国各项事业已经进入快速发展的阶段。支撑发展的核心是人才，尤其是科技创新的拔尖人才将成为提升我国核心竞争力的关键要素。

青少年是祖国的未来，是科技创新人才教育培养的起点。科技教师是青少年科学梦想的领路人。新时代，针对青少年的科学教育事业面临着新的要求，科技教师不仅要传播科学知识，更要注重科学思想与方法的传递，将科学思想、方法与学校课程结合起来，内化为青少年的思维方式，培养他们发现问题、解决问题的能力，为他们将来成为科技创新人才打牢素质基础。

发展科学教育离不开高素质、高水准的科技教师队伍。为了帮助中小学科技教师提升教学能力，更加深刻地认识科学教育的本质，提升自主设计科学课程和教学实践的能力，北京市科学技术协会汇集多方力量和智慧，汇聚众多科技教育名师，坚持对标国际水平、聚焦科技前沿、面向一线教学、注重科教实用的原则，组织编写了"科技教师能力提升丛书"。

丛书包含大量来自科学教育一线的优秀案例，既有针对科技前沿、科学教育、科学思想的理论探究，又有与 STEM 教育、科创活动、科学课程开发等相关的教学方法分享，还有程序设计、人工智能等方面的课例实践指导。这些内容可以帮助科技教师通过丰富多彩的科技教育活动，引导青少年学习科学知识、掌握科学方法、培养科学思维。

希望"科技教师能力提升丛书"的出版，能够从多方面促进广大科技教师能力提升，推动我国创新人才教育事业发展。

丛书编委会

2020 年 12 月

本书序

2017 年 7 月，国务院印发了《新一代人工智能发展规划》，明确指出要在中小学设置人工智能相关课程，逐步推广编程教育。当今的青少年是新一代的"数字原住民"，从小就接触各种信息化、电子化的设备，也正在享受着技术发展带给人们的红利。从当前大数据、人工智能、5G 等技术的发展速度来看，计算思维、跨学科解决问题的能力和创新创造的能力将是青少年在未来智能时代生存、生活和发展的必要技能。

好奇心是人的天性，学生对科学的兴趣需要引导和培养。在学校教育中，我们既要激发学生对学习科学知识的兴趣，又要为他们创造实践的机会，让他们能够在"创造中学习"。

本书各章节内容呈现出知识学习与技能提升相统一的特点，每个章节的内容由浅入深。选取了人工智能领域中较为经典的图像识别、语音识别、机器学习等作为课程内容。同时，又用形象的"会看""会听""会思考"等比喻描述出人工智能技术的特点。在实践环节，将开源硬件与人工智能技术进行了有效整合，将创客教育的"做"与人工智能的"思"有效结合在一起。课程内容也呈现出实践性、发展性、综合性的特点。

希望本书能够为中小学人工智能教育提供参考，能够促进教师之间的交流，为培养更多的科技人才做出一些贡献。

北京市第二中学校长薛丽霞

2020 年 12 月

前　言

新时代的教育要在增强综合素质上下功夫，教育要引导学生培养综合能力，培养创新思维。学生综合能力的提升与教师的引导有着密不可分的关系，教师要在课程设计和实施上下功夫、花力气，力争将前沿的科技知识用科普的方式传授给学生。同时，在育人的过程中还要注重科学思想与方法的应用，让学生通过参加科技活动，掌握科学的思想与方法，从而受益一生。

在新一轮的教育改革中，国家将培养学生的创新能力放到了重要的位置，力争在课程中让学生能够灵活运用知识解决问题。课程实施的重点也从以往的知识学习转变为能力和素养的提升。在本书中，将适合科普教育的开源硬件与人工智能技术恰当地融合在一起。书中的案例大多以活动的形式展现，每章中的内容依次递进，从基础的开源硬件知识到利用开源硬件实施人工智能项目，为教师的课程组织提供了行之有效的课程载体。在内容设置中，不局限于某个厂商的硬件设备，而是针对不同主题选择不同的硬件设备，增强了本书的实用性。

本书每个章节都有比较明确的主题内容，以"能听""能看""能思考""能互联"等较为生动形象的内容帮助教师充分理解开源硬件在人工智能领域中的作用。同时，对语音识别、图像识别、无人驾驶、物联网等人工智能典型应用场景进行了介绍，实现了科普人工智能教育的作用。另外，本书还为教师介绍了一些开源免费的人工智能体验平台，如旷视科技等。科技教师可以利用这些平台设计一些体验课程，让学生们体会人工智能的魅力，激发学生热爱科学、学习科学的热情。

由于本书涉及技术面较广，所以不可能做到面面俱到，但力求让读者掌握最实用核心的技术，通过实践加深对知识的灵活应用。

本书编委中包含了多位拥有丰富一线科技教育经验的教师，其中既包含了中小学的科技教师，也包含了科技馆、少年宫等校外教育机构的教师。在组织编写过程中，教师们从不同的教育视角和维度将自己对科技教育尤其是工程教育的理解融入其中，因此本书具有一定的可实践性。

由于编者水平有限，书中若有疏漏之处，敬请广大读者批评、指正。

本书勘误及
教学资源更新

本书编委会

2020 年 12 月

目　录

第 4 章

"能动"的机器人——无人驾驶体验

71

第 5 章

"能互联"的智能家居——物联网及智能家居技术

87

第 6 章

"能学习"的机器

C H A P T E R 6

103

人工智能的发展和相关概念

人工智能

1.1　人工智能发展概述

1.1.1　人工智能发展大事件

有这样一种说法,智人(学名:Homo Sapiens,又称人类)是人属下的唯一现存物种,其形态特征比直立人更为进步,分为早期智人和晚期智人。以考古的眼光看,智人的存在代表着人和人的差异主要存在于基因、化石和语言文化。以辩证的眼光看,人工智能的发展必将与智人的活动息息相关。

随着社会分工的不同,人类对于知识的理解不再停留在对概念本身的摸索,而是要掌握可以像上帝一样创造世界万物的手段。因此,如今的人们在探究"人工智能"这个名词的概念的同时,更在深入推演各种格局的变化。

例如,当你知晓了"碳基生命"和"自我进化"时,首例免疫艾滋病基因编辑双胞胎已经在中国诞生,北京大学邓宏魁教授的基因编辑造血干细胞移植策略更是在 CCR5 的基因敲除技术上取得了突破性进展,那么通过"人工变异"的方法,能否实现"我即上帝"的"人工智能体"呢?当你知晓了"电子皮肤"和"脑机接口"时,美国科学家已经成功将无人机技术和蜻蜓结合起来,开发出可由人类控制的活体微型无人机,这一工程被称为"蜻蜓之眼"(DragonflEye);而科学家佐藤博士(Dr. Hirotaka Sato)与新加坡南洋立工大学共同研发的 Cyborg 甲虫利用神经控制装置,只需要简单地按下一个按钮,就可以任意操控甲虫前、后、左、右移动,那么通过"超感官虚拟技术"和"可穿戴设备"控制的生物与机械体的结合物,能否实现硅基进化的"人工智能体"呢?当你知晓了人造机器 Atlas 可以单脚跳,可以后空翻;仿生机器人领域的"神奇存在"Festo 根据生物学特点研发了各种机械装置;美国科学家借助光声断层成像技术实时控制纳米机器人准确抵达人体某部位(比如肠道);谷歌以 Sycamore 芯片支持的量子计算机完成某项任务只需要 200s,同时维持很低的误差率,而世界最强超算 Summit 完成同样的任务需要计算 1 万年时,再去研究 AlphaGO 打败李世石的算法案例或者"避障小车"还算不算"人工智能"?

人们的生活从"+ 互联网"飞跃到了"互联网 +",又大踏步地进入"万物互联"的时代,"集成创新"随处可见。如图 1-1 所示,信息处理中心服务器云端通过 PaaS 技术、SaaS 技术、IaaS 技术、微服务和分布式架构实现集成互联,普通用户不需要关注细节的技术问题,就可以享受信息时代所带来的便利。

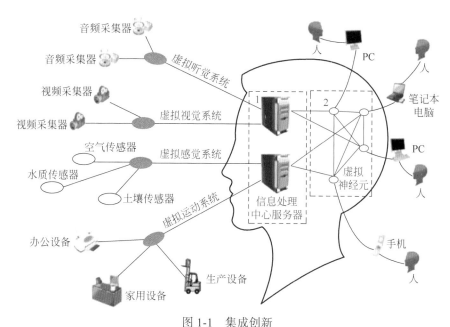

图 1-1　集成创新

1—互联网虚拟海马区；2—互联网虚拟大脑皮层

　　但是,2015 年 2 月,英国首例机器人心瓣手术出现了"机器暴走",专家消失的情况,如图 1-2 所示。手术的主刀医师和其助手被英国纽卡斯尔市政府传唤,展开为期 5 天的听证调查。最终认定为手术过程中,病人的血液溅射到心脏手术机器人的摄像头上,导致手术机器人的"失明",造成了这起"医疗事故"。主刀医师纳伊尔(Sukumaran Nair)表示,从那次事件以后,自己主刀的手术再也没有使用过机器人。这起事件在人工智能的发展中,似乎提醒着人们,对于科技产品的应用,一定要多加小心。

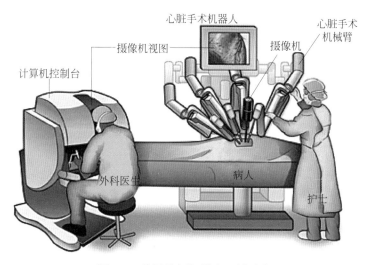

图 1-2　英国首例机器人心瓣手术

直到 2016 年 3 月，谷歌旗下人工智能公司 DeepMind 开发的智能系统 AlphaGo，在围棋界的人机大战中以 4∶1 击败了韩国围棋名人李世石九段。这在当前激烈竞争的人才市场中立刻产生了"用脚投票"的蝴蝶效应。人们对于人工智能的讨论深入到大街小巷，很多人都在预测，下一个颠覆认知的"黑马"会是什么，会出现在哪里。

2016 年 6 月，日本软银集团社长孙正义收回了卸任的承诺，之后在全副武装的护卫陪同下在土耳其海岸找到了思科前首席执行官约翰·钱伯斯，还带来了对英国知名科技公司 ARM 控股（Arm Holdings）的收购要约，随后在 7 月他斥资约 3.3 万亿日元，收购了总部在英国的半导体巨头 ARM，押下了人生最大的赌注。内部人士曾担心这笔庞大的交易会走漏消息，在一个高度敏感的时刻引起政界人士对一个外国买家的警觉。于是，很多咨询公司纷纷臆测，孙正义为什么选择避开风头正劲的 DeepMind 而去抢夺一家在英国脱欧背景下的芯片厂商呢？

虽然很多人并没有发现 ARM 和 DeepMind 之间的内在关系，却质疑起这个曾经投资给马云的男人激进操作的"王者意图"：难道"下一个奇迹的制高点"不在算法，而在 ARM 芯片？孙正义说："大多数时候，当我做出一个大动作，人们说我疯了。但我考虑的不是如何能锦上添花……我考虑的是 20 年后的事情。"那么这个事情除了"人工智能"还能是什么呢？直觉告诉我们，现阶段一定是处于人工智能发展的一个重要十字路口（见图 1-3）。

图 1-3　人类发展

聚焦国内，2016 年 9 月，百度正式推出深度学习平台 PaddlePaddle，致力于打造人工智能生态开源解决方案。图 1-4 所示为当时广为流传的 1.0 版本结构。泛在的科技树研发包括语音、OCR、人脸（人体）识别、内容审核、图像识别、视频、自然语言理解、知识图谱等方向。

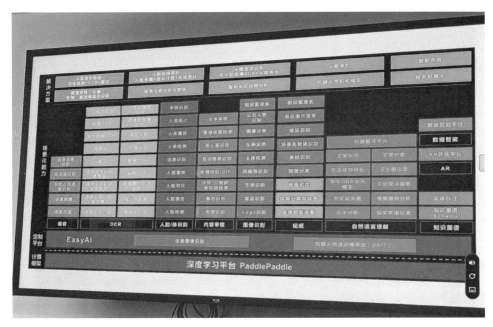

图 1-4　深度学习平台

　　2017 年 4 月，黑客团体 Shadow Brokers（影子经纪人）公布了一大批网络攻击工具，当时的维基解密上有着厚厚一堆关于"方程式组织"和网络工具的网页资料。其中就介绍了"永恒之蓝"如何利用 Windows 系统的 SMB 漏洞获取系统的最高权限。当时，在维基解密上，随便浏览几页，还能找到英国智慧城市建设 311 工程的宏伟愿景规划以及一堆"垃圾页面"。再查查当时英国 BBC 关于"影子经纪人事件"的报道，顿时感觉这事完全不像一个正常人的行为逻辑，反倒更像是一个"人工智障"程序无监督学习攻破了美国机要的计算机，然后向全世界推送，并快乐地等待人们的收费订阅。

　　2017 年 5 月 12 日，黑客通过改造"永恒之蓝"制作了 wannacry 勒索病毒，约有 100 多个国家和地区超过 103 台计算机遭到此病毒攻击、感染。新闻报道中提到，被勒索支付高额赎金才能解密恢复文件，却一致性地并没有过多讨论这些文件是否被进行了其他操作，以及这些文件的涉密级别，只有少量的网页报道称，解锁密码是一个全世界"不存在"的网络地址。这件事情和人工智能的发展是否存在着隐秘联系呢？

　　2017 年 8 月，全球 100 多位 AI 先驱呼吁联合国禁止杀手机器人的开发和使用。如图 1-5 所示，图中是一款完全由人工智能程序操控的小型无人机，处理器的反应速度是人类的 100 倍。悬停的时候，这款被称为"杀人蜂"的微型无人机会采取随机运动来反狙击，而且在一个成年人手心大小的机体上，搭载了摄像头用来进行人脸识别，并附加了 3 克的微型炸药，使其足以对攻击目标头部产生贯穿头骨的爆炸。如果你在腾讯视频上搜索视频"人工智能杀人蜂"，很可能会看到这样一些话"核弹该被淘汰了""用两千五百万造出这个""聪明的武器用一个数据标签就能找到你的敌人"。

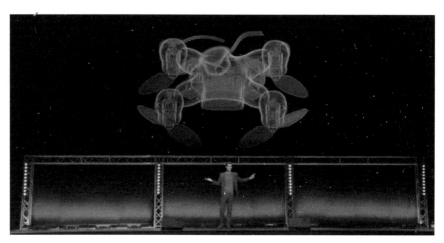

图 1-5　杀人蜂

2017 年 10 月，阿里巴巴成立"达摩院"。马云宣布，三年内要在技术研发上投入超过 1000 亿元。达摩院初期招揽了 100 名顶级科学家和研究人员，研究涉及自然语言处理、人机自然交互、量子计算、机器学习、基础算法、芯片技术、传感器技术、嵌入式系统等前沿科学领域。

2017 年 12 月，BBC 记者挑战中国"天网"，潜逃 7 分钟后就被抓获，充分显示了在人工智能系统加持下的"新一代警务技术"的先进性。2018 年 1 月，全国首个动态人脸识别监狱项目正式上线。如今有"凤凰之眼"的大兴国际机场可以实现"一脸登机"的服务。我国人工智能技术的应用已经成为保证人民生命财产安全的坚固屏障。

2018 年 3 月 27 日，欧洲政治战略中心发布了题为《人工智能时代：确立以人为本的欧洲战略》(*The Age of Artificial Intelligence: Towards a European Strategy for Human-Centric Machines*) 的报告。

2018 年 12 月，DeepMind 公司的 AlphaStar 在游戏星际争霸 2（见图 1-6）中，使用神族以 5∶0 的战绩打败了 Team Liquid 的职业选手 TLO，不久后又以 5∶0 的战绩完胜了来自同一个战队的职业选手 MaNa。这和人工智能有什么关系？其实，在这款游戏中，神族的航母好比"轰炸机"，而虫族的小狗好比前面提到的"杀人蜂"。谷歌旗下的 DeepMind 公司在开发的智能系统 AlphaGo 打败李世石之后，出资 5 亿美金与暴雪娱乐公司合作研究人工智能系统挑战星际争霸项目。在游戏玩家眼中，这分明就是一套即时战斗的指挥系统，计算机对于兵种的操作已经完美碾压了当前职业电竞圈的所有人类选手。人类选手在游戏中控制人族的坦克群炮轰虫族的小狗，所有的爆炸点以及溅射伤害都是随机出现的，却被计算机以完美的走位做到了"0"伤害值闪避。这样的战略与战术程序算人工智能吗？

图 1-6　AI 对战职业玩家

同年，美国波士顿动力公司的人形机器人阿特拉斯（Atlas）凭借一个 360° 后空翻爆红网络，如图 1-7 所示。这不仅需要机器人对场景快速识别，还需要机器人有极强的平衡系统。

图 1-7　人形机器人后空翻

随后，机器人产业全景图开始流传，如图 1-8 所示。有的企业开始研究制作"笨机器"的组件，有的企业直接进口国外的设备并在国内批量组装，力求在不久的将来，可以做到让大家人手一台"机器人"。

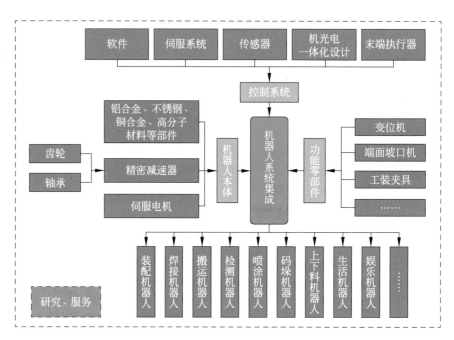

图 1-8　机器人产业全景图

有消息称，猎头挖取人工智能技术明星企业核心员工的薪资有的甚至超过了美国 NBA 明星球员的转会价格。很多公司都在从事着各种人工智能相关领域的研发。

2019 年 4 月，英国警察从厄瓜多尔逮捕了一名满脸络腮胡的中年男人，他就是藏匿了 7 年的"黑客罗宾汉"朱利安·阿桑奇（Julian Assange）。他是曾经曝光"美国邮件门事件"及各种录音文件的维基解密创始人，以破解国家秘密文件信息让公众知晓为荣，曾经泄露驻阿美军秘密文件高达 9 万多份。他的被捕可能会对人工智能技术的发展以及各种消息的共享产生蝴蝶效应。

2019 年 5 月，日本丰田汽车公司（Toyota Motor Corporation）、松下（Panasonic）以及建筑公司三泽住宅（Misawa Homes）等宣布，将在住宅事业领域进行合作，通过网络整合电动车（EV）、自动驾驶等车辆新科技以及住宅服务、智慧城市等技术，并计划于 2020 年 1 月合资成立专注建设智慧城市与住宅的新公司。其中有一个概念叫作"城市大脑"，这无疑是与人工智能紧密相关的。

2019 年 6 月，大疆公司发布了首款教育机器人"机甲大师 RoboMaster S1"，如

图 1-9 所示，用户可以利用体感操控控制机器人的云台运动，也可以将手机插进 VR 眼镜盒并通过头部的运动操控机器人。最重要的是，在竞技模式下，用户可以编写自定义技能操作机器人。

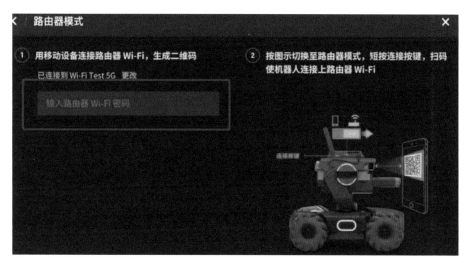

图 1-9　教育机器人"机甲大师 RoboMaster S1"

可以想象这样一个场景，满地的"哨兵机器人"、漫天的"杀人蜂"、看不见的"城市大脑"、无处不在的"智慧电网"，这些若没有 5G 通信技术，可能都将无法实现。

2019 年 7 月，马斯克宣布，Neuralink 公司的脑机接口系统获得突破性进展。马斯克同时透露，Neuralink 公司最早将在明年获得美国食品和药物管理局（FDA）的批准，开始对人类进行临床试验。此外，Cyberkinetics、NeuroPace、Neurable 以及 BrainCo 等公司都在致力于脑机接口技术的研发。Neuralink 公司的做法和国内某些脑控无人机的企业有着很大差异，前者用到的是纳米材料在头骨上进行电路雕刻，而后者则是通过一个头带，利用类似心电图模样的脑波电文的频率变化控制无人机的升降。

2019 年 8 月，在 2019 世界人工智能大会（WAIC）上，微软公司执行副总裁哈里·舒姆公开表示微软第二代 HoloLens 增强显示头盔于 9 月开始正式发售。图 1-10 所示是该产品在官网的截图，至于技术细节，大家可以参考一些公开的网页报道，例如美国海军开发基于 HoloLens 的反侦察系统，可实现射频发射检测和定位；员工呼吁微软公司放弃与美国陆军签订的 HoloLens 项目合约等。我个人之所以认为这部分内容属于"人工智能"的理由主要是这类设备属于一种"增强感知技术"，它可以改变"传统人类"认知世界的模式，如果第六感被称为"直觉"，那么暂时称这类装置为人体的"第七感"吧。

图 1-10　增强现实

此外，在 2019 年世界人工智能大会的发言实录中，马云强调："我不是搞科技的人，我是讲生活的……""我特别不喜欢把 AI 叫作人工智能，我把它称为阿里巴巴智能……"虽然这只是从对话中截取的几句话，但此时你或许已经隐约感到，人工智能似乎并没有朝着通过"图灵测试"的方向发展。

2019 年 9 月，沙特阿美石油公司的"世界最大石油加工设施"阿布盖格工厂火光冲天，这预示着一个全新作战方式的开启。人工智能武器只需要预先输入指令，就可以完成非监督战争和自我学习。类似 Stinger 等公司的无人机拥有能够不断提高攻击战术和作战能力的属性。StratoEnergytics 公司更是对未来空战形式发表了独特的见解。

国内在大力探索着人工智能在农业灌溉的应用，人工智能在垃圾分类的应用，人工智能在无人工厂的应用，人工智能在教育教学的场景应用等。

拓展阅读

图灵和图灵测试

图灵于 1921 年出生在伦敦，他对于计算机的建树始于 1935 年。当时还只是剑桥国王学院硕士研究生的他开始解决德国数学家大卫·希尔伯特提出的"可确定性判定问题"。

这个问题在计算机领域被解释为 Is there an ALGOITHM that takes, as input, a statement written in formal logic, and produces a "Yes" or "No" answer that always accurate? 大概意思应该是如果这样的算法存在，那么我们就可以让计算机来回答"是

否有一个数大于所有数？"

美国数学家阿隆佐·丘奇于1935年提出解决方法。他开发了一个叫"Lambda算子"的数学表达系统，并且证明了这样的算法不存在。虽然"Lambda算子"能表示任何计算，但它使用的数学技巧简直难以理解和难以使用。

图灵提出了一种臆想的计算机——图灵机，奇迹般地给出了可确定性判定问题的证明思路。

事实上，就"可计算"和"不可计算"而言，没有计算机比当时的图灵机更强大。因为图灵证明了这个简单臆想的机器如果有足够的时间和足够的内存，它可以执行任何计算，这也引申出了"图灵完备"和"图灵停机问题"的概念。这里暂不展开介绍，若你想深入了解，可以自行探究。这里暂且用一个简单的说法，就是每个现代计算系统，比如笔记本电脑、智能手机，甚至微波炉和恒温器内部的小计算机，都是"图灵完备"的。

1936—1938年，在美国数学家阿隆佐·丘奇的指导下，图灵在普林斯顿大学拿到了博士学位。阿隆佐·丘奇和图灵证明了无论有多少时间和内存，有些问题是计算机无法解决的，即计算是有极限的，进而产生并规范了可计算性理论，即"丘奇—图灵论题"。

毕业后的图灵回到了剑桥，而在1939年后不久，英国卷入第二次世界大战，图灵也被卷入战争。他的工作内容之一是破解德国的通信加密，特别是破译"英格玛机"加密的信息，如图1-11所示。

战后，图灵回到学术界，他最有名的战后贡献就是"人工智能"。

图1-11 德国制造的"英格玛机"

1950年，图灵臆想了未来的计算机，并提出Computer would deserve to be called intelligent if it could deceive a human into believing that it was human。这句话可以理解为"当计算机可以欺骗人类而不被人类发觉的时候，计算机就具备了像人类一样的智能"，这成为智能测试的基础，当时被叫作"图灵测试"，而后人更倾向于"缸中之脑"的迷思。

可惜的是，图灵于1954年服毒自尽，年仅41岁。由于图灵对计算机科学贡献巨大，美国计算机协会于1966年设立了"图灵奖"，"图灵奖"被认为是计算机领域的最高奖项。

1.1.2　达特茅斯会议

1956 年 8 月，在美国汉诺斯小镇宁静的达特茅斯学院中，人工智能与认知学专家约翰·麦卡锡（John McCarthy）、马文·闵斯基（Marvin Minsky）、信息论的创始人克劳德·香农（Claude Shannon）、计算机科学家艾伦·纽厄尔（Allen Newell）、诺贝尔经济学奖得主赫伯特·西蒙（Herbert Simon）等科学家聚集在一起，讨论着一个主题：用机器模仿人类学习以及其他方面的智能。

会议历时两个月，虽然大家没有达成普遍的共识，但是却为会议讨论的内容起了一个名字：人工智能。因此，1956 年就成为人工智能元年。但是，直到 1965 年，《炼金术与人工智能》一文发表后，"人工智能"这个词才真正被广泛认可。这篇文章后来演变成了著名的《计算机不能干什么》一书。

这里需要注意的是，达特茅斯会议中有一位被人忽视的"先知"——所罗门诺夫（Solomonoff），他发明了"归纳推理机"，他提出的关于"无限点"（Infinity Point）的概念，后来被库兹韦尔（Ray Kurzwell）改名为"奇点"据为己有。而目前 AI 中广泛应用的贝叶斯推理，也有所罗门诺夫的开创性痕迹。

1.1.3　人工智能的高潮与低谷

达特茅斯会议之后的数年是大发现的时代，ARPA（国防高等研究计划署）等政府机构向这一新兴领域投入了大笔资金。对许多人而言，这一阶段开发出的程序堪称神奇：计算机可以解决代数应用题、可以证明几何定理、可以学习和使用英语。当时大多数人几乎无法相信机器能够如此"智能"。

1. 人工智能发展的"黄金年代"：1956—1974 年

飞速发展涉及搜索式推理、通用解题器（General Problem Solver）、自然语言处理、微世界的简单场景等。

第一代 AI 研究者们曾作出了如下预言。

1958 年，H. A. Simon, Allen Newell："十年之内，数字计算机将成为国际象棋世界冠军。""十年之内，数字计算机将发现并证明一个重要的数学定理。"

1965 年，H. A. Simon："二十年之内，机器将能完成人能做到的一切工作。"

1967 年，Marvin Minsky："一代之内……创造'人工智能'的问题将获得实质上的解决。"

1970 年，Marvin Minsky："在三到八年的时间里我们将得到一台具有人类平均智能的机器。"

直到 20 世纪 70 年代，ARPA 还对 Allen Newell 和 H.A.Simon 在卡内基梅隆大学的工作组以及斯坦福大学 AI 项目（由 John McCarthy 于 1963 年创建）进行资助。此外，另一个重要的 AI 实验室于 1965 年由 Donald Michie 在爱丁堡大学建立。在接下来的许多年间，这些研究机构一直是 AI 学术界的研究（和经费）中心。此时的研究经费几乎是无条件地提供的。时任 ARPA 主任的 J. C. R. Licklider 相信他的组织应该"资助人，而不是项目"，并且允许研究者去做任何感兴趣的方向。但是自从 1969 年 Mansfield 修正案通过后，DARPA（美国国防高级研究计划局）被迫只资助"具有明确任务方向的研究，而不是无方向的基础研究"。那种对自由探索的资助一去不复返，此后资金只提供给目标明确的特定项目，例如自动坦克或者战役管理系统。

20 世纪 70 年代初，AI 遭遇了瓶颈，AI 研究者们遭遇了无法克服的基础性障碍，即使是最杰出的 AI 程序也只能解决他们尝试解决的问题中最简单的一部分，也就是说所有 AI 程序都只是"玩具"。当时计算机有限的内存和处理速度不足以解决任何实际的 AI 问题。例如，Ross Quillian 在自然语言方面的研究结果只能用一个包含 20 个单词的词汇表进行演示，因为内存只能容纳这么多。

2. 第一次 AI 低谷：1974—1980 年

AI 研究者们对课题的难度未能作出正确判断，此前的过于乐观的观点开始受到批评。当承诺无法兑现时，对 AI 的资助被缩减或取消了。同时，由于 1969 年 Minsky 和 Papert 出版了著作《感知器》，书中暗示感知器具有严重局限，而 Frank Rosenblatt 的预言过于夸张。这本书的影响是破坏性的，神经网络的研究因此停滞了十年。

3. 繁荣：1980—1987 年

一类名为"专家系统"的 AI 程序开始为全世界的公司所采纳，而"知识处理"成为主流 AI 研究的焦点。日本政府在这个年代积极投资 AI 以促进其第五代计算机工程。80 年代初期另一个令人振奋的事件是 John Hopfield 和 David Rumelhart 使神经网络重获新生。AI 再一次获得了成功。

4. 第二次 AI 低谷：1987—1993 年

低谷的最早征兆是 1987 年 AI 硬件市场需求的突然下跌。Apple 和 IBM 生产的台式计算机性能不断提升，到 1987 年时，其性能已经超过了 Symbolics 和其他厂家生产的昂贵的 Lisp 机。老产品失去了存在的理由，一夜之间这个价值五亿美元的产业土崩瓦解。

XCON 等最初大获成功的专家系统维护费用居高不下。它们难以升级、难以使用且脆弱（当输入异常时会出现莫名其妙的错误），成了以前已经暴露的各种各样问题的牺牲品。

DARPA 的新任领导认为 AI 并非"下一个浪潮"，拨款将倾向于那些看起来更容易出成果的项目。

1991 年人们发现十年前日本人宏伟的"第五代工程"并没有实现。事实上其中的一些目标，例如"与人展开交谈"直到 2010 年也没有实现。与其他 AI 项目一样，期望比真正实现困难得多。

1.1.4　人工智能与未来发展

1993 年至今，被称为"智能代理"（intelligent agents）的新范式被广泛接受，早期研究者提出了模块化的分治策略。如图 1-12 所示，智能客服系统通过预先存储专家知识经验和套路模板，在客户提问时，可以快速地给出符合经验常理和标准化流程的回答。

直到 Judea Pearl、Alan Newell 等人将一些概念从决策理论和经济学中引入 AI 之后，现代智能代理范式才逐渐形成。如图 1-13 所示，推理机的配置是智能代理系统的重要组件，它能感知周围环境，然后采取措施使成功的概率最大化。

图 1-12　智能客服系统

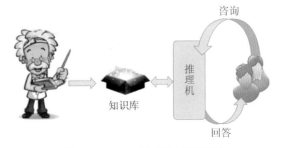

图 1-13　AI 专家系统思路草图

最简单的智能代理是解决特定问题的程序。智能代理范式将 AI 研究定义为"对智能代理的学习"。这是对早期一些定义的推广，它超越了研究人类智能的范畴，涵盖了对所有种类的智能的研究。从"棱镜门"的相关新闻报道中，我们完全有理由相信，发达国家已经拥有了类似美剧《疑犯追踪》中曝光的系统，甚至已经超越了电影作品中的系统。

如图 1-14 所示，看过《疑犯追踪》这部美剧的人或许会疑惑，如果早期的智人通过直立行走使得双手得到解放，改变了生产关系，那么如今的智人能否通过使用工具定义社会的发展呢？能不能用一台机器代替人类的大脑进行思考？能不能用一台机器代替人类的身体进行劳动？能不能用一台机器代替人类的法律维护世界和平？

图 1-14 《疑犯追踪》剧照

因为人工智能，人类社会可能变成只有 5% 的人拥有"工作"这个"权利"。如果让一种没有灵魂的机器代替现在社会中大多数人从事的角色，那么一群"没有用处"的人在人工智能的辅助下，可以不用思考、不用劳动，过着各自的幸福日子吗？

1.2 人工智能概念解析

1.2.1 什么是人工智能

众所周知，计算机擅长存储、整理、获取和处理大量数据。但如果想让计算机根据数据做出决定呢？这就是机器学习的本质——通过算法使计算机获得从数据中学习的能力从而预判接下来的事情，并给出决断。

能自我学习的程序非常有用，例如判断电子邮箱中的邮件是否是垃圾邮件，判断人的心电图数据是否异常，甚至由计算机扮演信息传播者的角色对不在现场的人进行信息推送……

机器学习程序虽然有用，但不会说它拥有与人类一样的智能。尽管目前经常将机器学习（machine learning，ML）和人工智能（artificial intelligence，AI）两个词混用，但是大多数计算机科学探究者更倾向于把机器学习看作是为了实现人工智能这个更宏大目标的工具之一，而 AI 才是人工智能的简称。

机器学习和人工智能非常复杂，接下来将撇开技术细节的具体实现，从顶层设计的重点概念引入。想深入了解的读者，笔者建议自主探究下面的关键词。

- 决策树（decision tree）
- 分类（classification）
- 分类器（classifier）
- 特征（feature）
- 约束条件（constraints）
- 卷积（convolution）
- 标记数据（labeled data）
- 决策边界（decision boundaries）
- 混淆矩阵（confusion matrix）
- 未标签数据（unlabeled data）
- 支持向量机（support vector machines）
- 人工智能神经网络（artificial neural network）
- 深度学习（deep learning）
- 强化学习（reinforcement learning）
- 自适应信号处理（adaptive signal processing）
- 误差反向传播（back propagation of errors）
- 贝叶斯规则（Byes's rule）
- 玻尔兹曼机（Boltzmann machine）
- 代价函数（cost function）
- 数字助理（digital assistant）
- 周期（epoch）
- 平衡（equilibrium）
- 前馈网络（feed forward network）

- 霍普菲尔德网络（Hopfield net）
- 归一化（normalization）
- 过度拟合（over fitting）
- 感知器（perceptron）
- 概率分布（probability distribution）
- 循环网络（recurrent network）
- 正则化（regularization）
- 臭鼬工厂（Skunk Works）
- 稀疏原理（sparsity principle）
- 独立分量分析（independent component analysis）
- 树突棘（spine）

"决策树"只是机器学习的一个简单例子，如今有数百种算法，而且新算法还在不断出现，一些算法甚至用多个"决策树"进行预测，被一些计算机科学探索者称为Forests。例如，蒙特卡洛树搜索又称随机抽样或统计试验方法，属于计算数学的一个分支，如图 1-15 所示。它是在 20 世纪 40 年代中期为了适应当时原子能事业的发展而发展起来的。由于能够真实地模拟实际物理过程，故所求解的问题可以和一定的概率模型相联系，用计算机实现统计模拟或抽样以获得问题的近似解。它与实际非常符合，可以被看作是接近圆满的结果。

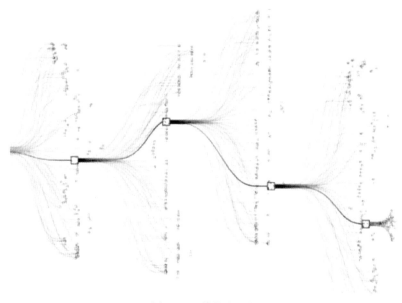

图 1-15　蒙特卡洛树

为了更好地说明人工智能，下面来看一下 AlphGO 学围棋的过程。AlphGO 是怎么在围棋上超越人类选手李世石和柯洁的呢？

第一步，数据化围棋。学习人类高手如何下棋，把人类高手的棋谱拿过来，提取局部特征作为样本，这是一个图像识别的问题，需要一个算法卷积神经网络（CNN），如图 1-16 所示。这时就得到了一个数据库，相当于让计算机把"历年的真题"都背下来。

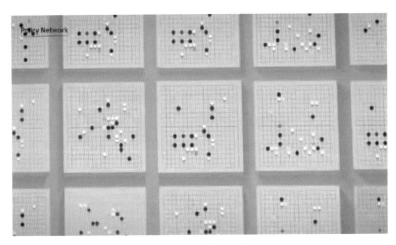

图 1-16　图像识别库

第二步，让程序深度学习这个数据库。简单地说就是一个量化过程，此过程用到两个算法：策略网络和评价网络，即把棋盘上每一个落子点都变成一个数字（概率）如图 1-17 所示，计算机会快速计算出每一个落子点在历史对局中的获胜情况。

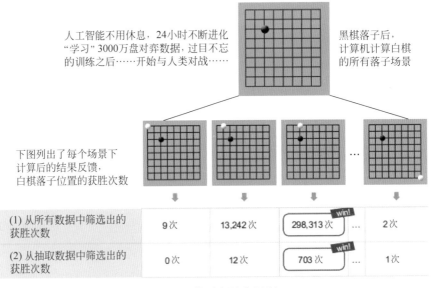

图 1-17　落子点胜率识别

策略网络通过对数据库的比对，并不考虑全盘输赢，只负责预测对手每一个点落子的概率。评价网络是程序判断自己下一手棋放在哪里，最后全局胜率最高。

在遍历各种可能，搜索最佳落点时，蒙特卡洛树搜索需要解决两个关键问题。

（1）去哪几个关键点位模拟概率？即宽度优化。

（2）模拟到第几步停止？即深度优化。

你一定可以想到如何用计算思维解决实际问题。是的，增加一个程序模块，快速走子，让计算时间和算力决定取舍。例如与李世石对战时，AlphGO 的思考时间是一分钟。既然计算时间已经确定，算力就要通过 AlphGO 硬件的不断升级，从 CPU 到 GPU、再到 TPU。迎战李世石的时候是第 18 代 AlphGO，李世石还能艰难地赢一盘，仅仅 1 年之后，迎战柯洁的就是第 60 代 AlphGO 了。当有人采访柯洁与 AlphGO 下棋的感受时，柯洁评价"绝望到让人颤抖！"

1.2.2　什么是语音识别

1773 年，俄罗斯科学家克里斯蒂·克拉特兹斯坦将共振管和风琴管连接起来，制造出一个可以发出人类声音的奇怪设备。可惜的是，当时的大多数人都对这个新鲜的东西不感兴趣。直到一百多年后，世界上第一台计算机出现，人们突然意识到计算机这么强大，如果它能听懂人类说话，不就更好了吗？于是人们开始真正意义上有了语音识别技术的需求。

语音识别并不是我们常规理解的单片机开发，而是一个系统。系统由什么芯片实现并不重要，主要是语音识别指令（一般便宜的单片系统可以支持十几条语音指令）。语音识别指令又被分为非特定人语音识别指令和特定人语音识别指令两种。

非特定人语音识别需要预先采集好指令，这种预先录音的方式也叫整词识别，会有较多的限制，但优点是识别率高，成本低，而且不用连接云端。

特定人语音识别指令需要自己提供录音资料（找人录音一般市场价格在几万元），而且特定人语音识别指令在使用前需要进行训练。如果"模具"已经成型，再做这一步就没有意义了。

目前市场上一些自带语音识别功能的人工智能产品，大多数的售价都超过千元。一套完整的语音识别系统工作过程可分为以下 7 步。

（1）对语音信号进行分析和处理，除去冗余信息。

（2）提取影响语音识别的关键信息和表达语言含义的特征信息。

（3）紧扣特征信息，用最小单元识别字词。

（4）按照不同语言的各自语法，依照先后顺序识别字词。

（5）把前后意思当作辅助识别条件，有利于分析和识别。

（6）按照语义分析，给关键信息划分段落，取出所识别出的字词并连接起来，同时根据语句意思调整句子构成。

（7）结合语义，仔细分析上下文的相互联系，对当前正在处理的语句进行适当修正。

语音识别技术到底是一项什么样的技术呢？图 1-18 阶段性地展示了近几年语音技术发展的大致标杆。

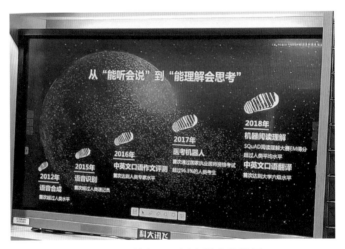

图 1-18　科大讯飞语音技术阶梯图

语音识别技术说起来简单，可实现起来并不容易，因为机器不会人类的语言，人类和机器只能通过高、低电平代表的 0 和 1 进行沟通。

虽然国内的科大讯飞、思必弛、云知声，国外的微软、苹果、谷歌等厂商都在研发语音识别技术，但直到 2006 年谷歌人工智能首席科学家杰弗里·希尔顿提出"非监督贪心逐层训练算法"，语音识别在人工智能的加持下，才完成了一次堪称"鱼跃龙门，原地飞升"般的蜕变。

1.2.3　什么是图像识别

视觉是人类认识世界、获取信息的强大感官。计算机探索者一直希望让计算机拥有视觉，因此诞生了计算机视觉这个领域。关于图像识别技术每年发表的文章数以千计，新模型、新算法层出不穷。其中，图像识别领域的目标之一是让计算机理解图像和视频。

　　图像是像素网格，每个像素的颜色通过"红""绿""蓝"三种基色定义，通过组合三种颜色的强度，可以得到任何颜色，也叫 RGB 值。假如我们要让计算机判断并模拟视觉追踪一个粉色的球，最简单的方法就是锁定球心像素的 RGB 值，然后给程序传入图像，让计算机找到最接近这个颜色的像素。算法可以从左上角开始，逐个检查像素并计算和目标颜色的差异。检查了每个像素后，最贴近的像素很可能就是那个球。计算机可以在视频的每一帧图片都运用这个算法，进而对粉色球的位置进行追踪。这个算法有一个潜在的问题：颜色追踪算法是逐个搜索像素，如果照片里面有和粉色球相同或相近颜色的物体，这个算法就不起作用了。

　　值得一提的是维奥拉—琼斯目标检测框架（Viola-Jones object detection framework），这是第一种可以实时处理并给出很好的物体检出率的物体检测方法，由保罗·维奥拉和迈克尔·琼斯于 2001 年提出。提出该方法的论文在 2011 年的 CVPR 会议上被评为龙格—希金斯奖。这种方法可以被训练来寻找多种物体，它的主要应用是人脸检测。

　　如今的热门算法是"卷积神经网络"，它有多个输入，把每个输入乘一个权重值，然后求总和，这很像"卷积"。如图 1-19 所示，如果给神经元输入二维像素，输入权重等于"核"的值，神经网络可以学习对自己有用的"核"来识别图像中的特征。卷积神经网络一般会有很多层来识别复杂物体和场景。

图 1-19　卷积神经网络原理简化图

维奥拉—琼斯目标检测框架和卷积神经网络不仅可以用来人脸识别，还可以识别手写文字、在 CT 扫描中发现肿瘤、检测道路是否拥堵等。

换句话说，尽管人们知道机器可以拍出具有惊人保真度和细节的照片，我们差的只是一个更专业的计算机视觉算法。但正如计算机视觉教授李飞飞说的，"听到"不等于"听懂"，"看到"不等于"看懂"。

1.2.4　什么是无人驾驶

2016 年 9 月底，美国联邦交通部颁布了首个自动驾驶汽车法规《联邦自动驾驶汽车政策》，这在明确自动驾驶汽车上路标准的同时，也意味着自动驾驶汽车正式在法律层面获得认可。有行业机构预测，到 2020 年前后，传统厂商将迎来自动驾驶产业发展的高峰，2030 年左右智能电动汽车份额有望突破 50%。这也意味着智能汽车将成为汽车产业最大的变化和机会，而无人驾驶将是汽车圈最流行的话题。

由图 1-20 可以发现，只要解决了"高精地图 + 高精定位"的难题，自动驾驶就可以实现了。在目前的企业路演中，要实现 L3 级别和更高级别的自动驾驶，大家密切关注的焦点是"高精度地图"，理由如下。

（1）高精度地图可以帮助车辆"看清楚"道路。

（2）高精度地图不受天气环境影响。

（3）高精度地图具有无限远的数据感知范围。

图 1-20　海达数云自动驾驶构想

在我国，为了地理信息数据的保密性和国家安全，只有经过审核的地图提供商才可以合法地提供地图。同时要求提供公共服务的互联网地图必须对坐标系进行加密，所采用的加密算法由国家测绘局规定数据加密后的坐标被称为 GCJ02 坐标系，就是广为流传的"火星坐标系"。

人们日常生活中使用的高德地图、腾讯地图就是采用这种火星坐标系。而百度地图则是在火星坐标系的基础上又进行了一次加密处理，形成了 BD09 坐标系，也就是"百度坐标系"。这就和美国 GPS 使用的国际通用 WGS84 坐标系产生了安全度极高的位置偏移。

2017 年 7 月 5 日，百度 AI 开发者大会举行，阿波罗计划（百度自动驾驶）无疑是此次大会的重点之一。如图 1-21 所示，在百度总裁陆奇介绍 Apollo 时，会场大屏幕连线了百度 CEO 李彦宏，他正乘坐无人驾驶汽车赶来会场。

图 1-21　百度无人驾驶车在五环上行驶

可以看到，这是一辆百度公司和博世公司联合改装的 Jeep 自由光 SUV，李彦宏坐在副驾驶位置，主驾驶全程不碰方向盘，从百度公司到会场全程约 15km，其中很大一段路行驶在北京的北五环上。

1.2.5　什么是 SLAM

SLAM（simultaneous localization and mapping）也称为 CML（concurrent mapping and localization），指即时定位与地图构建或并发建图与定位。问题可以描述为：将一个机器人放入未知环境中的未知位置，是否有办法让机器人一边移动一边逐步描绘出此环境完全的地图。所谓完全的地图（consistent map）是指不受障碍行进到房间可进入的每个角落。

据北京六部工坊科技有限公司技术人员介绍，SLAM 环境建图可以构建地图进行定位和自主导航，如图 1-22 所示。

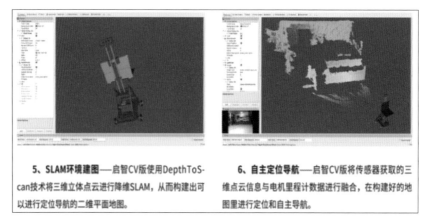

图 1-22 北京六部工坊科技有限公司 SLAM 技术介绍

VSLAM（视觉 SLAM）的发展历程可以被理解为一个"视觉传感器"的进化史，如图 1-23 所示。VSLAM 中最早使用的是单目相机，于是就有了单目的 VSLAM 算法，其中比较有代表性的产品包括 X-box 的 Kinect 相机。

图 1-23 VSLAM 中使用的相机

近些年来，随着 CPU 和 GPU 的算力越来越高，双目相机、双目惯导相机、多目相机逐渐成为主流的视觉传感器。视觉里程计（visual odometry，VO）对视觉和 IMU 的同步精度要求较高，主要是研究如何根据相邻帧图像定量估算帧间相机的运动。通过把相邻帧的运动轨迹串起来，构成相机载体（如机器人）的运动轨迹，从而解决了定位的问题。然后根据估算的每个时刻相机的位置，计算出各像素空间点的位置，从而得到地图。

常见的几种开源 SLAM 算法包括西班牙萨拉戈萨（Zaragoza）大学的视觉 SLAM 系统 ORB_SLAM，香港科技大学团队开源的单目视觉惯导方案 VINS-Mono，苏黎世联邦理工学院自动系统实验室开发的基于图像和 IMU 紧耦合预估方案 OKVIS 等。此外，VINS-Fusionsh 是一个基于多传感器融合的 SLAM 开源软件，在无人机、自动驾驶和 AR/VR 的应用场景下可以实现精确定位。目前 VSLAM 在机器人实时定位避障中的应用实践主要是楼宇接待机器人和安防机器人。

02

CHAPTER 2
第 2 章

"能听会说"的机器——语音识别及语音合成

主题背景

远古时代，人类通过手势等肢体语言进行交流，这种交流方式传递信息的效率很低，非常不方便。随着人类交流的日益频繁和交流内容的日益复杂，人类一步步走到了非"说"不可的地步，于是语言便产生了。语音交互是人类最有效率的沟通方式，研究表明，75% 的日常沟通是通过语音完成的。

与此同时，随着科学技术的发展，人类的很多工作已经可以由机器完成。而与机器的交流从最初的机械按键到键盘鼠标，再到触摸屏，人类对与机器的交互方式（见图 2-1）一直探索了约 200 年。就像最初的人与人交流一样，最方便、最直接的交流方式仍然是语音。因此，人类接下来的研究目标就是教会机器"能听会说"并不断优化完善，让人们与机器的交流更加自然。

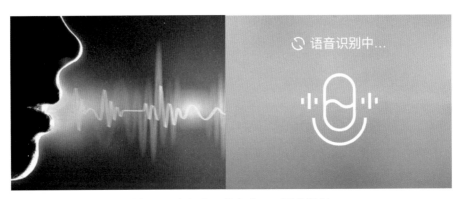

图 2-1　人机交互的方式——语音识别

知识结构

本章知识结构如图 2-2 所示。

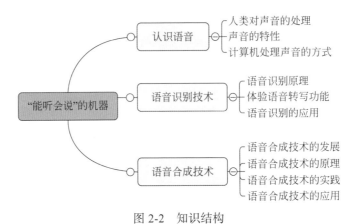

图 2-2　知识结构

2.1 认识语音

流水潺潺、树叶沙沙、虫鸣鸟叫、清晨诵读……在生活中处处可以听到各种声音。语音是声音的一种高级形式，是人类社会所特有的。声音和语音的关系是包含和被包含的关系，语音一定是声音，但是声音不一定是语音。例如，突然的打雷声可能会让你和宠物狗都感到害怕，但"要打雷了"这句话只会提醒你，让你提前做好准备，而狗却毫无反应。因为对它来说"要打雷了"这四个字只是一个声音而已。

语音无论多么高级，本质上它还是一种机械波，仍然具有声音的基本属性——响度、音调和音色，下面就来了解一下人类对声音的认识和处理。

2.1.1 人类对声音的处理

声音是由物体振动产生的。物体振动以波的形式向四周传播，最终传递到人类的听觉器官，从而产生听觉。对于人类来说，听觉器官就是耳朵。耳朵内有鼓膜（见图2-3），波动能使鼓膜发生振动，鼓膜的振动通过神经传递给大脑，人就能听到声音了。

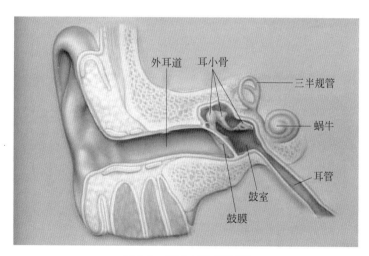

图 2-3　耳朵结构解剖图

2.1.2 声音的特征

声音的特征主要包含三个要素：响度、音调和音色。下面通过以下各组实验感受声音的不同特性。

1. 活动：感受响度

打开畅言智 AI 中小学人工智能教学平台，打开原理可视化实验软件中的"认识声音"界面（见图 2-4），选择"响度"开始实验（见图 2-5）。制造不同的声音响度，直观感受声音响度大小并记录分贝数值（见表 2-1）。

图 2-4　"认识声音"界面

图 2-5　"响度"实验界面

表 2-1 声音实验记录表

实验	所处环境和主要声源	响度的数值
1		
2		
3		

2. 活动：感受音调

打开畅言智 AI 中小学人工智能教学平台，打开原理可视化实验软件中的"认识声音"界面，选择"音调"开始实验。拖动屏幕上的波形图可以改变频率，感受频率变化带来的声音变化（见图 2-6）。

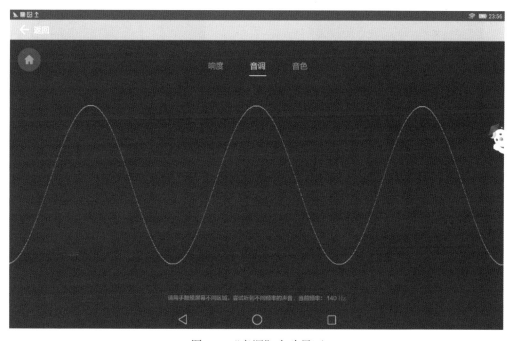

图 2-6 "音调"实验界面

资料卡片

声音作为波的一种，频率是描述声波的重要属性之一。人耳可以听到的声音的频率范围为 20~20000Hz。高于这个范围的波动称为超声波，低于这一范围的波动称为次声波。

3. 活动：感受音色

打开畅言智 AI 中小学人工智能教学平台，打开原理可视化实验软件中的"认识声音"界面，选择"音色"开始实验。单击不同的乐器图片，感受不同乐器发出的声音，观察声音波形的不同（见图 2-7）。

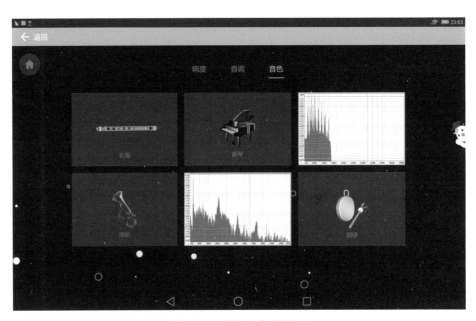

图 2-7　"音色"实验界面

通过实验，我们知道声音具有不同的特征，通过这些特征我们可以区别不同的声音。那么计算机又是如何处理声音并区分这些特征的呢？

2.1.3　计算机处理声音的方式

计算机是如何"听"到声音的呢？我们需要把声波转换成计算机能够识别的文件形式（如 MP3 文件格式），这个处理的过程叫作声音的数字化。在物理知识的学习过程中，我们知道声音信号是连续的波形，这样的信号叫作模拟信号，这样的信号是不能被计算机识别的，需要将模拟信号转换成计算机能够识别的数字信号（用 0 或者 1 表示），声音的数字化过程也就是模拟信号 / 数字信号（A/D）的转化过程。这个过程主要分为三个阶段，即取样、量化和编码。

1. 取样过程

对连续信号按一定的时间间隔取样，如图 2-8 所示。

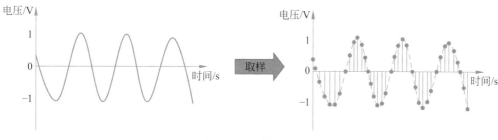

图 2-8　取样过程

2. 量化过程

量化就是把各个时刻的采样值用计算机可以识别的二进制表示，如图 2-9 所示。量化后的取样信号与量化前的取样信号相比较，存在一定程度的误差，即量化精度。量化的等级取决于量化精度，也就是说需要用多少位二进制数表示一个声音数据。一般有 8 位、12 位或 16 位，量化位数越多，量化误差越小，声音的质量越高。

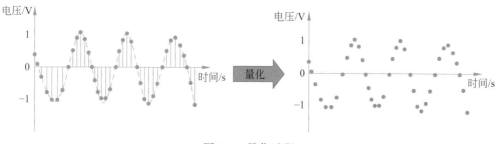

图 2-9　量化过程

3. 编码过程

对音频信号取样并量化成二进制，用不同的取样频率和不同的量化位数记录声音，在单位时间内，所需存储空间是不一样的。未压缩前，波形声音的码率计算公式为取样频率 × 量化位数 × 声道数，波形声音的码率一般比较大，所以必须对转换后的数据进行压缩。数据压缩后，波形声音的码率计算公式为取样频率 × 量化位数 × 声道数 × 压缩率。常见的编码格式如 MP3。

资料卡片

在计算机应用中，能够达到最高保真水平的就是 PCM 编码（pulse code modulation），其被广泛应用于素材保存及音乐欣赏中。虽然 PCM 代表了数字音频中最佳的保真水准，但是并不意味着 PCM 就能够确保信号绝对保真，PCM 也只能做到最大限度的无限接近。PCM 编码生成的音乐格式通常保存为 WAV 格式。

MP3 是网络上流行的音乐格式之一，它是利用 MPEG Audio Layer3 技术，将声音文件用 1∶10 或者 1∶12 左右的压缩率进行压缩，将声音变成容量较小的音乐文件，便于存储和传输。WAV 格式和 MP3 格式的对比如表 2-2 所示。

表 2-2　WAV 格式和 MP3 格式的对比

文件格式	WAV	MP3
音质	高	中等
存储体积	大	小
用户接受度	中等	高

4. 任务实践

1）活动：感受声音的采集与储存

打开畅言智 AI 中小学人工智能教学平台，打开原理可视化实验软件中的"认识声音"界面，选择"采集与存储"开始实验（见图 2-10），感受不同情况下的声音储存质量。

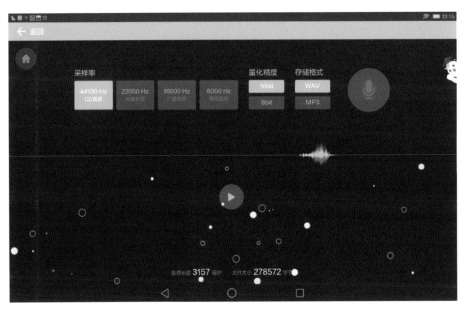

图 2-10　"采集与存储"实验界面

2）活动：初步感受声音的特征

打开畅言智 AI 中小学人工智能教学平台，打开原理可视化实验软件中的"认识声音"界面，选择"声音的特征"开始实验（见图 2-11）并记录在表 2-3 中。

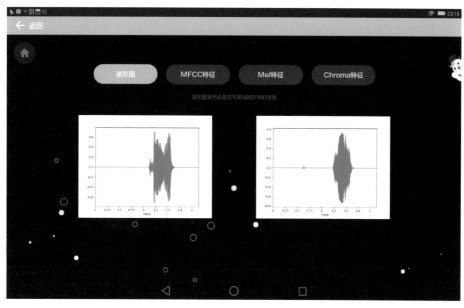

图 2-11 声音波形图

表 2-3 声音的采集与储存记录表

实　　验		特征是否相同	你 的 结 论
同一人说不同的内容	第一次		
	第二次		
	第三次		
不同的人说一样的内容	第一次		
	第二次		
	第三次		

小思考:

计算机是如何直观地呈现出所收集声音信号的不同的?

拓展阅读

动物们有趣的交流方式

人和人可以通过复杂的语言交流生活中的各种事情,而动物之间也需要交流,比如提醒同伴危险的来临、告知同伴食物的位置。它们虽然没有语言,但是有很多有趣的交流方式。

声音:许多动物都会发出各种各样的声音,而这些声音也是动物之间交流的信号。动物的声音语言千变万化,含义各不相同。长尾鼠在发现地面上的强敌——狐狸和狼时，会发出不同高低的声音告知同伴天敌的位置。

气味：有些动物可以用特殊的气味传递信息。例如蜂王通过分泌一种带有气味的唾液吸引工蜂来为自己服务；蚂蚁还可以利用嗅觉识别同窝的伙伴。

行为：动物还会运用各种不同的行为向同伴传达信息，这也是一种无声的交流。野猪的尾巴平时总是转来转去，但它一旦觉察到危险，就会扬起尾巴，在尾尖上打个小卷，同伴们看到后就知道危险来了；蜜蜂在发现可以采蜜的花群后，就会用特别的"舞蹈"方式（如"8"字形摆尾舞），向同伴表示花群的远近和方向。

色彩：雄孔雀之所以常在春末夏初开屏，是因为它没有清甜动听的歌喉，只好凭着一身艳丽的羽毛，表达自己对雌性孔雀的"爱意"。

除了上述的方法之外，蟋蟀、蝗虫、老鼠和海豚等动物还可以用超声波进行交流。

2.2 语音识别技术

在学校的一次辩论会上，正、反两方的辩论队员思如泉涌、口若悬河，与此同时，中间的大屏幕不断将双方的语言实时呈现出来，让观众们可以准备把握双方队员的演讲内容，提取重点。作为人工智能兴趣小组的小飞同学对实时的字幕直播产生了浓厚的兴趣，下决心一探究竟。

2.2.1 语音识别原理

语音识别通俗来说就是给机器装上"耳朵"，让机器可以听懂语音的内容。语音识别的原理如图 2-12 所示。

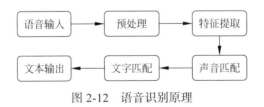

图 2-12 语音识别原理

计算机的语音识别就是把人说话的语音转化为文字，这一过程包含以下环节。

1. 语音输入

说话的声波进入计算机的"耳朵"——麦克风时，麦克风可以把振动的声波转化为电信号，这样语音就以电信号的形式进入了计算机，如图 2-13 所示。

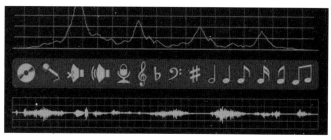

图 2-13 声波转化为电信号

2. 预处理

在预处理过程中，利用端点检测（voice activity detection，VAD）技术，计算机可以去除声音中的噪声，并且切除没有语音的部分，如图 2-14 所示。

3. 特征提取

语音的特征就是波形的差异。简单来看，语音特征提取就是把声波划分为一段一段的，并且找到每一段对应哪个拼音，音调是什么，如图 2-15 所示。

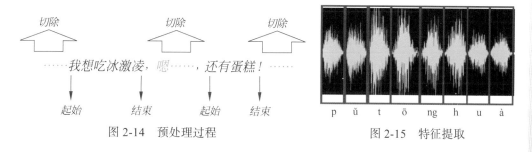

图 2-14 预处理过程　　　　　　　　图 2-15 特征提取

4. 声音匹配

用特征提取后得到的拼音和音调信息，在普通话的声学模型里进行对比，找出可能性最大的发音，如图 2-16 所示。

5. 文字匹配

计算机根据发音在语言模型的文本数据库中进行对比，找出可能性最大的文字，如图 2-17 所示。

图 2-16 声音匹配　　　　　　　　图 2-17 文字匹配

6. 文本输出

文本输出即给出语音识别的结果，这样就实现了由语音到文本的转换过程。

2.2.2　语音识别模型的训练和再认

计算机之所以能识别出正确的语音内容，是因为在此之前机器就被训练过并得出了对应的模型，后面的识别过程只是一个再认过程，且输出的也只是一定概率的结果猜测（见图2-18）。

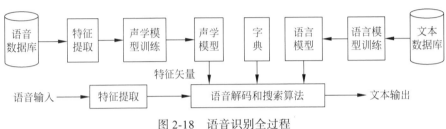

图 2-18　语音识别全过程

下面通过一个实验体验语音识别模型的训练和再认过程。

活动：感受语音识别分类

打开畅言智 AI 中小学人工智能教学平台，打开原理可视化实验软件中的"语音分类"界面，如图2-19所示，训练出自己的声音识别模型，完成语音游戏（见2-20）。

语音分类

图 2-19　"语音分类"可视化实验界面

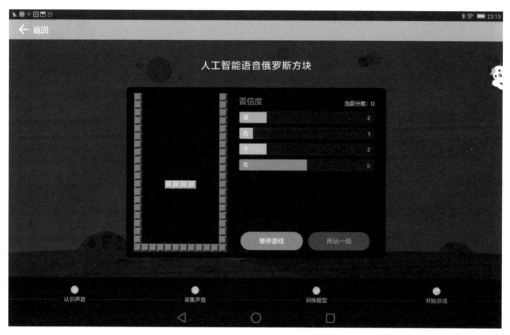

图 2-20 用语音控制俄罗斯方块游戏

小思考:

（1）如果在训练时用"大"字的发音对"左"进行训练，会发生什么？

（2）置信度是什么，如何提高置信度？

> **资料卡片**
>
> 声纹识别和语音识别一样，都是通过对采集到的语音信号进行分析和处理，提取相应的特征或建立相应的模型，然后据此做出判断。但声纹识别与语音识别又有区别，声纹识别的目的在于通过提取语音信号中的个人声纹特征从而识别说话人的身份，强调不同人之间的差别。语音识别的目的在于把人说的话转化为计算机可以识别的指令或者文字，实现人与机器之间的交流，强调对不同人说话的差别加以归一化，力争排除由不同说话人引起的"人机交流"差异。

2.2.3 体验语音转写功能

1. 小飞机器人的语音转写功能

下面介绍一个人工智能学习的配套设备——小飞机器人（见图 2-21）。小飞机器

人是一个可编程的人工智能机器人，与前面提到的畅言智 AI 中小学人工智能教学平台配套使用，可以让小飞机器人完成各种任务。接下来通过编程实现一个文字转写小助手的任务。

使用"AI 编程"→"AI 技能"中的"语音转写"模块编程，如图 2-22 所示。单击"开始运行"按钮，对小飞机器人用普通话任意说一句话，小飞机器人就会将转写结果显示在屏幕上方。

图 2-21　小飞机器人

语音转换

图 2-22　编程实现语音撰写任务

2. 小飞机器人的语音命令词功能

在"AI 编程"→"AI 技能"中，有一个"语音命令词"模块，这个模块在编程中可以代替"开始"模块。例如在图 2-23 所示的程序中，如果我们说出的话中包含"转写"，小飞机器人就会开启语音转写功能，将接下来的语音转换为文字。

3. 活动：控制小飞机器人完成语音转写

两个小组上台比赛，每组两个成员。

成员任务安排：一人负责给小飞机器人编程并用计算机控制它，另一人负责朗诵一段课文。

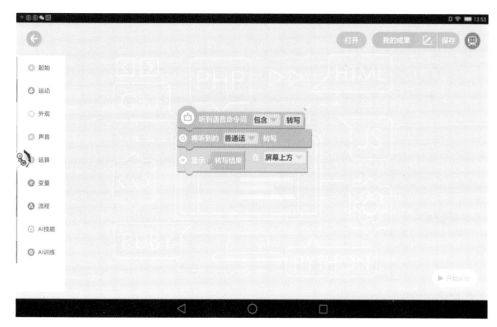

图 2-23 用语音命令唤起转写任务

组内两人合作,控制小飞机器人完成语音转写,并显示在显示屏上。用时少且转写正确的小组获胜。

课文内容如下。

春天来了,小区的绿地上花繁叶茂,桃花开了,月季花开了,浓郁的花香吸引着安静。这个小女孩,整天在花香中流连。

请注意观察,在游戏过程中,朗诵的清晰程度和朗诵者距离机器人的距离对识别结果有影响吗?

2.2.4 语音识别的应用

1. 语音唤醒

语音唤醒的过程和我们平时与人交流的方式相似。例如,我们与人沟通前往往会通过呼喊其名字来引起他的注意,从而开展接下来的沟通。对于智能语音交互产品,我们也需要通过叫出"名字",也就是用唤醒词激活设备,例如我们常用到的"小飞小飞""小度小度""小 E 你好""叮咚叮咚"等。

2. 语音转写

日常生活中,我们常用手写的方式记录所听、所感、所说的事。随着科技及人工智能的发展，语音转写会将我们所说的事直接转化成文字。例如在使用手机通信时，我们只需"开口"，便可将语言转化成文字；在会议或访谈过程中，将音频直接转换成文字保存；在制作视频字幕过程中，通过语音转写，轻松生成与视频相对应的字幕文件，大大提高了工作效率。

3. 语音评测

语音评测是指通过智能语音技术自动对发音水平进行评价，对发音错误、缺陷问题进行定位和分析。目前主要分为中文普通话发音水平自动评测技术和英文发音水平自动评测技术。传统的语言评测依赖评估者的听辨能力，一般由一个或若干个评估者对被测者的口语水平做出评判。这种人工教学和评判的方法存在很多缺陷。随着科学技术的迅猛发展，计算机技术和人工智能技术为辅助语言学习和语言评测提供了一个有效的解决方案。

拓展阅读

语音识别，掌控未来铭记过去

在很多科幻电影所描述的未来生活中，使用语音方式操控家电的炫酷场景无处不在。例如在《美国队长2》中，神盾局局长用语音操控虚拟桌面、窗帘和电视；在《钢铁侠》系列电影中，男主角回到家以后，说声想喝咖啡，咖啡机便开始冲咖啡；在《碟中谍4》中，阿汤哥通过语音打开灯和电视……

随着科技的不断进步，语音技术的不断发展，很多科幻场景已经来到我们身边。如今，在家里借助智能音箱就可以语音控制家里的各种家电设备；坐到车上通过语音命令就可以控制导航、音乐、接打电话、汽车空调等车用设备；打开手机助手通过语音可以帮助我们完成绝大多数的手机操作……

既然语言是最直接的与机器交互的方式，那么不标准的普通话或者方言会不会带来识别不准的烦恼呢？对于口音和方言识别的难题，科大讯飞公司提出方言语音输入方案来解决，并率先在讯飞输入法上应用。2018年6月12日，科大讯飞公司在北京启动"AI方言发音人招募"公益行动，用户每一次通过家乡话使用讯飞输入法都是对自己家乡的方言识别模型的一次训练和优化，也是对方言这一濒临消亡的语言的一种保护。通过AI持续赋能方言保护，为世界留下多彩乡音。

2.3 语音合成技术

语音合成技术是为了让机器具有类似人一样的说话能力
（见图 2-24），通过计算机人工制造出来的机器发声，相当于
给机器装了一个嘴巴。和前面所学的语音识别相比，语音合
成技术更成熟一些，目前不仅能合成自然度非常高的语音，
同时已经可以模拟合成不同人物的发声。语音合成已经有了
大量的应用产品和场景，如汽车导航、手机助手、医院排队
叫号系统等。

图 2-24 语音合成

2.3.1 语音合成技术的发展

语音合成是通过机械的、电子的方法产生人造语音的技术，是人机语音交互的一
个重要组成部分。文语转换（text-to-speech，TTS）技术属于语音合成技术领域，它
是将计算机产生的或外部输入的文字信息转变为可以听懂的、流利的汉语口语输出的
技术。

最初的语音合成是利用机械装置实现的。德国人 Kratzenstein 在 1779 年研制出一
种机械式语音合成器，用风箱模拟人的肺，用簧片模拟声带，用皮革制成的共振腔模
拟声道，通过改变共振腔的形状，合成出一些不同的元音。这可谓是人类历史上最早
的语音合成技术。

从 19 世纪出现电子器件以来，语音合成技术快速发展。1939 年，贝尔实验室
H. Dudley 制作出一个电子合成器（Dudley'39）。这是一个利用共振峰原理制作的语
音合成器，它以一些类似白噪声的激励产生非浊音信号，以周期性的激励产生浊音信
号。模拟声道的共振器通过一个 10 阶的带通滤波器建模，模型的增益由人控制。

早期的研究主要采用参数合成方法，随着计算机技术的发展又出现了波形拼接的
合成方法。值得一提的是，只要精心调整参数，Holmes 的并联共振峰合成器（1973 年）
和 Klatt 的串 / 并联共振峰合成器（1980 年）都能合成非常自然的语音。最具代表性
的文语转换系统当数美国 DEC 公司的 DECtalk（1987 年）。经过多年的研究与实践表
明，由于准确提取共振峰参数比较困难，虽然利用共振峰合成器可以得到许多逼真的
合成语音，但是整体合成语音的音质难以达到文语转换系统的实用要求。

自 20 世纪 80 年代末期至今,语言合成技术有了新的进展,特别是基音同步叠加(PSOLA)方法的提出(1990 年),使基于时域波形拼接方法合成的语音音色和自然度大大提高。20 世纪 90 年代初,基于 PSOLA 技术的法语、德语、英语、日语等语种的文语转换系统都已经研制成功。这些系统的自然度比以前基于 LPC 技术或共振峰合成器的文语转换系统的自然度要高,并且基于 PSOLA 方法的合成器结构简单,易于实时实现,使其有了很大的商用前景。

20 世纪末,可训练的语音合成方法(trainable TTS)被提出。该方法基于统计建模和机器学习的方法,根据一定的语音数据进行训练并快速构建合成系统。这种方法可以自动、快速地构建合成系统,系统尺寸很小,适合在嵌入式设备上的应用以及多样化语音合成方面的需求。

21 世纪,语音合成技术飞速发展。在声音合成达到真人说话水平后,学术界渐渐把眼光转向音色合成、情感合成等领域,力求使合成的声音更加自然,并具备个性化特征。

按照人类语言功能的不同层次,语言合成也可分成三个层次:从文字到语音的合成(text-to-speech);从概念到语音的合成(concept-to-speech);从意向到语音的合成(intention-to-speech)。

2.3.2 语音合成技术的原理

1. 波形拼接法

1)波形拼接法的原理

常见的语音合成技术分为波形拼接法和参数合成法,波形拼接法语音合成技术的原理如图 2-25 所示。

图 2-25 波形拼接法语音合成技术原理

波形拼接法语音合成首先是计算机大量收集某个人的语音;其次把完整的语音波形切割成一个字一个字(或音素)的发音波形;最后将这些字的发音重新排序,形成新的波形,并合成输出声音,这种方法叫作波形拼接。波形拼接法的整个过程与活字印刷类似,如图 2-26 所示。

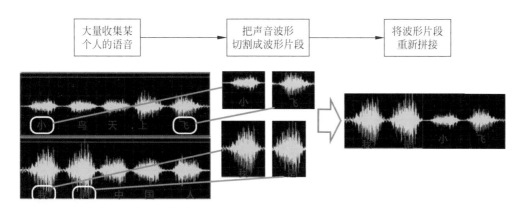

图 2-26　波形拼接法原理

通常直接拼接得到的声音会不太流畅，语调也不太自然，即语音自然度不高。遇到多音字的时候还可能读错音调。针对这些问题，计算机通过算法进行优化，让计算机语音合成更自然，听起来更流畅。

2）活动：用波形拼接法让机器说话

打开畅言智 AI 中小学人工智能教学平台中的原理可视化实验软件，选择"语音合成"实验，使用波形拼接法实验系统让机器说话，感受波形拼接法的语音合成技术。

第一步：录制自己的语音数据库（见图 2-27）。例如"语音合成是人工智能的重要技术"，将每个字逐个输入并录入自己的声音。

语音合成

图 2-27　波形拼接法原理可视化实验

第二步：文本分析（见 2-28）。将"语音合成是人工智能的重要技术"填入输入框中，单击"文本分析"按钮，再单击"合成语音"按钮，思考为什么会有不同颜色的拼音。

图 2-28　文本分析

第三步：播放自己合成的声音（见图 2-29），感受播放出的声音音色和流畅度与自己真实声音的区别。

图 2-29　合成声音

2. 参数合成法

1）参数合成法的原理

参数合成法是利用声码器提取训练语音数据库中语音波形的声学特征参数，训练统计声学模型。由文本分析得到带合成语句对应的上、下文特征，基于统计声学模型预测该上、下文特征对应的最优声学特征，将预测的声学特征送入声码器重构语音信号（见图 2-30）。

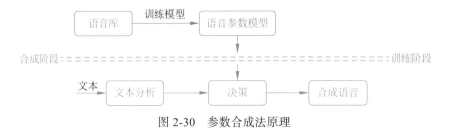

图 2-30　参数合成法原理

2）活动：用参数合成法让机器说话

使用参数合成法实验系统让机器说话，感受波形拼接法的语音合成技术。

第一步和第二步与波形拼接法一样，直接用"活动：用波形拼接法让机器说话"实验采集好的语音和文本分析，用参数合成法播放声音（见图2-31）。思考播放的声音与使用波形拼接法播放的声音有何不同。

图 2-31　参数合成法实验

3. 活动：体验新时代语音合成技术

使用波形拼接法和参数合成法合成语音只是实现了简化版的语音合成技术，其自然度和可懂度等性能指标都不太令人满意，现在来体验一下新时代的语音合成技术吧！如图 2-32 所示进行实验操作。

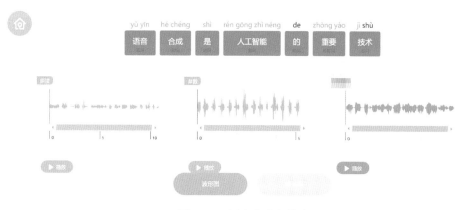

图 2-32　语音合成新技术

小思考：

对比本小节三个活动语音合成的效果，说说每个合成语音的自然度优劣和原因。

通过实验探究，我们已经感受并了解了语音合成的基础知识，也感受了不同技术的成熟度，相信大家对语音合成技术都有了自己的看法。语音技术在未来存在着机遇和挑战，我们要辩证地看待此项技术，让其在合适的领域被充分使用，更好地造福人类。

资料卡片

波形拼接法和参数合成法的对比见表 2-4。

表 2-4　两种语音合成技术方法的对比

合成方法	波形拼接法	参数合成法
优点	合成语音自然度高	语音库小
缺点	数据采集标注工作量大，语音库大	合成效果不理想，自然度差

2.3.3 语音合成技术的实践

1. 体验小飞机器人的语音合成模块

打开畅言智 AI 中小学人工智能教学平台，在"AI 编程"→"AI 技能"中使用"语音合成"模块。使用不同的声音合成语音，小飞机器人就可以说出我们输入的文字。

单击"开始运行"按钮后，就可以让小飞机器人使用指定的声音说出"大家好，我是畅畅"（见图 2-33）。

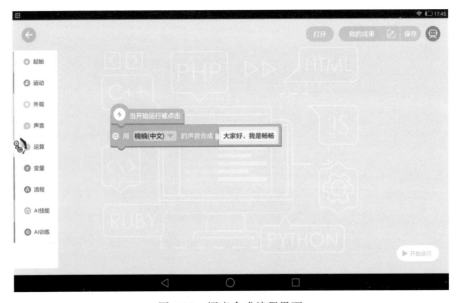

图 2-33　语音合成编程界面

2. 校园语音导航

今天，学校里来了一些参观交流的客人，老师让小飞带领这些客人参观学校。小飞想，何不利用学过的语音合成知识让小飞机器人做语音导航，带领大家参观校园呢？于是小飞编写了下面的导航计划。

（1）小飞机器人需要从校门出发，带领大家沿校园主干道参观学校。途中会依次经过教学楼、操场、国旗台、实验楼，最后抵达终点——休息室。

（2）在导航过程中，小飞机器人保持慢速前进，让大家有足够的时间进行参观。

（3）每到一个地点，小飞机器人需要介绍地点的名字（起点除外）和下一个地点的名字、方向和距离（终点除外）。比如，到达教学楼后，小飞机器人会说："我们已到达教学楼，左转，前进 55m 将到达操场。"

图 2-34 是缩小的校园地图，按照这个地图的尺寸，帮助小飞完成小飞机器人的编程，让小飞机器人带我们参观校园。

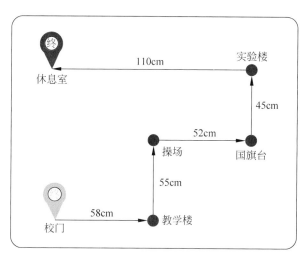

图 2-34　缩小的校园地图

2.3.4　语音合成技术的应用

语音合成技术已在我们的生活中有广泛的应用，例如下面这些常见的应用。

有声读物：安装了语音合成技术的电子书可以读书给我们听。

语音导航：司机开车时看导航地图会分神，语音导航系统完美解决了这个问题。

语音播报：让计算机合成需要播报的语音，省时省力。

语音助手：很多手机和计算机上都有语音助手，它们通过合成语音与我们交流。

智能家居：语音合成功能可以用于各种智能家电上，让家居变得更智能。

霍金的声音

霍金（见图 2-35）"说话"是语音合成历史的一部分。

图 2-35　霍金

霍金于 1942 年 1 月 8 日出生于英国牛津，于 2018 年 3 月 14 日逝世，享年 76 岁。他是继牛顿和爱因斯坦之后最杰出的物理学家之一，被称为"宇宙之王"。

1963 年霍金被诊断患有肌肉萎缩症。随着病情不断恶化，只有三根手指可以活动，是人工智能科技改变了霍金的生活，并将其理论传播给全世界。

霍金是如何跟外界沟通的呢？红外线感应器检测眨眼的快慢，发出信号，透过红外线侦测他的眼部动作，再传送至计算机，使之转化成英文；计算机需要适应霍金的眨眼速度以求准确打出英文单词；而语言合成器则能将文字转化为声音。

1985 年，霍金丧失语言能力，有一阵仅靠眼神与人交流，需要人协助其拼出词汇，但这种交流十分困难。后来，依靠加利福尼亚计算机专家瓦特·沃尔托兹编写的程序，霍金可以使用三根手指选择屏幕上的词汇，并且可以转入语言合成器发音。

剑桥调节通信公司的大卫·梅森又把一台很小的计算机及语言合成器进行改良后装在了霍金的轮椅上，方便霍金"说话"。

1997 年开始，英特尔为霍金提供辅助说话系统。原因是英特尔创始人 Moore 看到霍金的计算机使用了竞争对手 AMD 的处理器，于是要为霍金提供"真正的计算机"。后来英特尔每两年为霍金更换一次计算机，并且提供支持服务。

自 2005 年起霍金连手指也不能动弹，无法再用手控制计算机，只能通过眼睛与人沟通。英特尔公司找到较好的解决方案：通过眼动追踪、联想输入和语音合成器辅助霍金和外界沟通。

霍金的眼镜上，距右颊约一英寸，安装了负责侦测肌肉活动的红外线发射器及侦测器，抽动脸部肌肉将信息传达给计算机。以眼球控制红外线感应器，选定屏幕上的英文字母，造句完毕后传至合成器发声。据媒体报道，霍金每分钟只讲5~6个单词。

2014年，英特尔公司在英国伦敦召开发布会，宣布将在互联网上向有需要的残障人士和研发者免费开放这套"说话软件"。

我们看到霍金在演讲时，坐在轮椅中的他总被一堆AI设备包围，没有AI的语音合成就没有霍金的声音。霍金的语音被称为"完善的保罗"，是他和机器共同制造的完善之声。

CHAPTER 3
第 3 章

"能看"的机器人——
颜色及图像识别

主题背景

在第 2 章中，我们已经了解了机器人能够和人类进行语音交互，人类可以使用自然语言与机器进行交流。既然机器能够像人一样有听觉，很多人也一定会想，机器能否像人一样有视觉呢？在本章的内容中，我们就来介绍一下机器视觉。面部识别在人们的生活中已经非常常见了，例如人们运用人脸识别技术进行安全支付，还可以实现大型会议的快速签到等，这些都运用了机器视觉的技术。在本章中，我们将从黑色识别到彩色识别再到面部识别进行讲解，让大家了解机器是如何"看见"我们的。

知识结构

本章知识结构如图 3-1 所示。

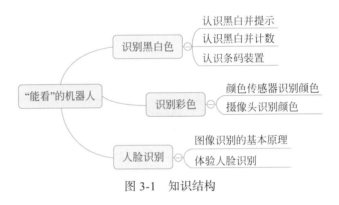

图 3-1　知识结构

3.1　识别黑白色

在超市结账的时候，收银员通过扫描货物上的条形码来识别货物的价格信息，条形码是由许多黑白相间的竖条组成的，里面包含了商品的价格信息；在机器人比赛中，很多任务是用巡线的方式完成的，场地上的黑条能够引导机器人到指定位置。本节就给大家介绍一下巡线传感器。通过巡线传感器可以让机器人识别出黑白两种颜色。

本节所讲的传感器属于光电传感器。

3.1.1　巡线传感器

如图 3-2 所示是一款非常常用的巡线传感器。一般而言，巡线传感器主要由一个红外线发射二极管和一个红外线接收二极管组成。传感器工作时，发射二极管发射出红外线，当地面或者场地颜色为黑色时，会吸收红外线，接收二极管几乎接收不到反射的红外线，接收管不会导通；反之，接收二极管导通，电路再将信号转换成电平高低，由控制器进行识别。在图3-2中，能够很清楚地看到红外线发射二极管和红外线接收二极管。一般的巡线传感器只能识别出黑、白两种颜色或"1""0"两种状态值，具体何种颜色是"1"，何种颜色是"0"，可以通过串口的方式读取相应的数值。

红外线发射二极管
红外线接收二极管

图 3-2　巡线传感器

3.1.2　红外线接近开关

红外线接近开关是一种应用广泛的传感器，外观如图3-3所示。在很多伸缩门的侧面都装有这个传感器，以防止关门时意外的发生。红外线接近开关与巡线传感器的原理基本相似，是一种集发射与接收于一体的光电传感器。与巡线传感器相比，它的检测距离更远，一般可以达到3~80cm。检测距离可以根据需要通过传感器尾部的旋钮进行调节，如图3-4所示，且有灯光提示。

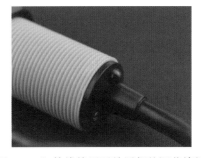

图 3-3　红外线接近开关的外观　　　　图 3-4　红外线接近开关尾部的调节旋钮

3.1.3　任务实践

熟悉了上面两种传感器的工作原理后，就可以运用这两种传感器完成一些简单的小任务了。在任务中大家可以感受两种传感器的基本功能，可以边实践边思考，拓展出更多的应用领域，设计出更多的实践项目。

1. 黑白分明

1) 任务要求

使用巡线传感器检测黑色与白色，并通过点亮不同的 LED 给出提示。

2) 任务分析

mind+ 平台

任务要求根据识别的不同颜色，LED 给出不同的反应，因此要用到程序设计中的分支结构。通过传感器的判断，检测到不同颜色时，输出信号点亮不同颜色的 LED。由于程序是不断循环运行的，如果希望 LED 能够重复提示，需要及时熄灭。

我们使用开源硬件平台 Arduino UNO 作为主控板，将传感器连接在 Arduino UNO 的 4 号引脚上，两个不同颜色的 LED 分别连接在 7、8 两个引脚上。使用 Mixy 编程软件，对应代码如图 3-5 所示。将图 3-5 所示的程序下载到控制器中，可查看效果。

3) 成果展示

当程序下载到主控板中之后，就可以找一个黑白的图片进行测试了。当我们手持传感器，将其放在黑色区域时，图中左侧的 LED 点亮，如图 3-6 所示，而当传感器放在白色区域时，图中右侧的 LED 点亮，如图 3-7 所示。

2. 识别颜色并计数

1) 任务要求

通过传感器识别黑色或白色，然后记录识别不同颜色的数量。

2) 任务分析

在任务"黑白分明"中，我们能够运用传感器检测黑、白颜色。在本任务中，我们需要记录识别

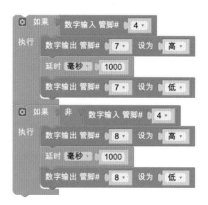

图 3-5　项目"黑白分明"的程序图

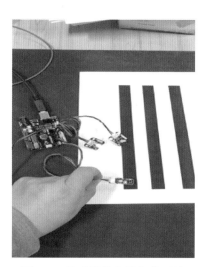

图 3-6　传感器放在黑色的区域

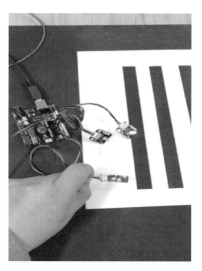

图 3-7　传感器放在白色的区域

颜色的次数，这就要设置一个能够存储记录数据的空间，类似于一个暂时存储数据的"储物柜"或"容器"。也就是通常所说的变量，要建一个变量用来实时存储识别到的颜色次数。

在一些机器人竞赛中经常会遇到这种任务，例如机器人从起点出发经过三个路口后右转。这时，就可以通过传感器对路口进行识别并记录数量，从而引导机器人在正确的位置转向。通常把这种方式叫作"数线"或者"数路口"。

大家可以根据上述思路设计程序，此处给大家提供一个参考的 Mixly 程序，如图 3-8 所示，程序中引入两个整数型变量，用来记录识别到的黑、白线的数量。根据传感器识别到的颜色状态，引起变量的变化并记录数据。

3）成果展示

图 3-8 中的程序只是实现了计数的功能，再添加对应的输出代码就能将这个数据通过串口发送给计算机，或是通过连接到 Arduino UNO 的显示装置显示出来。图 3-9 就是通过外接数码管显示出对应的值。

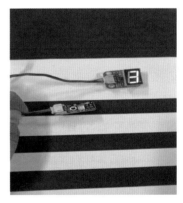

图 3-8 颜色识别并计数的程序　　图 3-9 通过外接数码管显示对应的值

3. 制作模拟条码扫描器

1）任务要求

制作一款能够识别黑、白色的模拟条码扫描器，当传感器检测到黑色时发出"滴"的警报音，遇到白色则停止。

2）任务分析

本任务用到的传感器是广州中鸣数码科技有限公司的一款模拟量的光电（颜色）传感器。这款传感器不仅能够识别出黑色和白色，还能够识别出其他颜色，如绿色、红色等，这为我们设计更加复杂的程序提供了可能。使用这种传感器之前，首先要做的一项工作就是"测光值"，即测量在不同环境下、不同颜色对传感器反馈出来的数值。然后，设置程序时就可以为不同颜色设置相应的阈值，从而引导机器人完成任务。

图 3-10 所示为参考程序，这个程序对应的软件是中鸣机器人的编程软件。

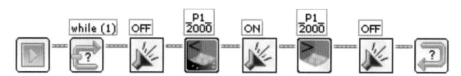

图 3-10　模拟条码扫描器参考程序

在程序中，将光电传感器连接在控制器的 P1 端口，经过测量"光值"并确定相应的阈值后，进行判断。

3）成果展示

将对应的传感器和主控制器拼接在一起，完成的条码扫描器如图 3-11 所示。

图 3-11　拼接完成的条码扫描器

拓展阅读

在"模拟条码扫描器"的任务中，程序通过识别黑、白色能够控制蜂鸣器的发声，结合 3.1.3 小节任务实践 2 的计数功能，你是否可以拓展出更多有意思的任务呢？尝试一下，如果第一次检测到黑色，程序控制蜂鸣器发出"哆"，第二次发出"来"，依此类推，是否可以让蜂鸣器演奏出一首曲子呢？图 3-12 所示是歌曲《我和我的祖国》曲谱片段，尝试一下，让机器人完成这首乐曲的演奏吧。

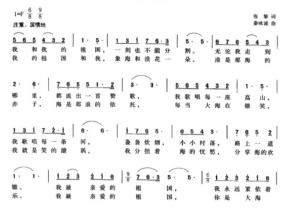

图 3-12　歌曲《我和我的祖国》曲谱片段

3.2　颜色识别

大家在网络或者一些展会上或许见过一款让人印象深刻的机器人——魔方机器人。魔方机器人能够在几秒的时间内完成对魔方的还原，其还原速度堪比魔方高手。魔方机器人是通过什么方式在短时间内迅速识别魔方的状态呢？据了解，魔方机器人可以通过摄像头对颜色进行识别，然后根据程序中的相应算法完成魔方的还原。所以要想顺利完成魔方还原的任务，机器人准确地识别出颜色就成为关键一环。随着人工智能技术的发展与进步，很多厂商都开发了简单易用的颜色和图像识别传感器（摄像头）。在本节内容中，我们就来给大家介绍一些识别颜色的传感器。

3.2.1　颜色识别传感器及原理

在讲解颜色识别传感器之前，先了解一下光的三原色，也就是常说的 RGB（红色、绿色、蓝色），各种颜色都可以由这三种颜合混合而成。例如猩红色可以用 RGB（220，20，60）混色表示出来。由此可以知道，机器在进行颜色识别时，并不是直接"看到"颜色，而是将颜色转化成相应的数据，再由机器进行识别。

对于颜色识别传感器来讲，当选定一个颜色的滤波时，传感器就会阻止其他原色通过而只让选定滤波的颜色通过。例如，当选择红色滤波时，传感器只让红色通过，而阻止绿色和蓝色。同理，如果选择绿色滤波，传感器会阻止红色、蓝色。通过某种颜色的滤波可以得到某种颜色的光强，再通过传感器对光强进行分析，从而达到识别颜色的目的。图 3-13 所示是一个典型的颜色识别传感器。

图 3-13　颜色识别传感器

3.2.2　Pixy2 颜色识别传感器

3.2.1 小节介绍的是用颜色传感器识别颜色，本小节介绍一种更加常用的颜色识别方式——摄像头识别。Pixy2 是一款开源的视觉传感器，如图 3-14 所示，它不仅支持颜色识别，还能够识别特定的物体。在传感器上搭载有一个处理单元，它通过其处理器内部的算法，以颜色为中心来处理图像数据，选择性地过滤无用信息，从而得到有效信息。也就是说，经过处理器处理后的信息才会发送到控制系统中，经过处理的信息可以减少控制器的运算量，更好地满足不同任务的需求。

在使用传感器时要注意，由于传感器使用的是基于色调过滤算法进行识别的，所以在实验过程中最好选择颜色鲜艳的物体。图 3-15 中的物体和颜色就更容易被识别出来。

图 3-14　Pixy2 传感器

图 3-15　鲜艳颜色的物体

3.2.3　任务实践

相比于 3.1 节中的巡线传感器，颜色传感器能够识别出更多的颜色，也能完成更多的任务。在很多人工智能项目中，都可以采用这种传感器完成相应的任务。例如追踪某种颜色。

1）任务要求

选择一个颜色鲜艳的物体，让 Pixy2 实现对其的追踪。

2）任务分析

给 Pixy2 通电，当 Pixy2 启动时，板载的 LED 会经过一系列的闪烁。等 LED 熄灭后就可以开始让 Pixy2 学习识别物体了。按住 Pixy2 顶部的按钮，大约 1s 后，LED 将亮起，先是白色，然后是红色，接着是其他颜色。当它再次变为红色时，松开按钮，表示要开始学习第 1 种颜色特征了。

释放按钮后，Pixy2 将进入所谓的"光管"（light pipe）模式，LED 的颜色是 Pixy2 "锁定"到的物体颜色，Pixy2 将锁定在其视频帧中心的物体上。将物体直接放在 Pixy2 前面，距离镜头 15cm 左右，Pixy2 使用区域增长算法确定哪些像素是对象的一部分、哪些像素是背景的一部分，并使用这些像素创建对象的统计模型，以便在不同光照条件下可靠地检测它。使用 LED 颜色作为反馈来确定 Pixy2 是否对对象有良好的锁定，通过以下现象进行判断：Pixy2 锁定在物体上时，LED 的颜色应与物体的颜色相匹配。LED 越亮，锁定越好。

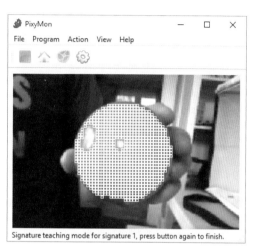

图 3-16　Pixy2 传感器使用效果

稍微移动对象，看看是否可以最大化 LED 的亮度。查看 PixyMon 窗口中的区域增长网格，观察网格的大小如何与 LED 颜色和亮度相对应。覆盖更多对象的网格优于仅覆盖部分对象的网格，LED 会更亮。图 3-16 显示的是覆盖了物体大部分的网格（锁定良好）。

3）成果展示

多次试验后就可以熟练掌握通过观察 LED 判断 Pixy2 是否有一个良好的锁定，接下来就可以教 Pixy2 学习新物体而无须使用 PixyMon 了。

对锁定满意后，松开 Pixy2 上的按钮，LED 会闪烁几次，表明 Pixy2 已经"学会"了你的物体。现在它开始跟踪物体。图 3-17 所示的两张图片是传感器调整稍差的效果，其中左图阈值过大，右图阈值过小。

图 3-17　传感器识别较差的效果

图 3-18 展示了一张识别效果较好的图片，可以看到特征检测都集中在紫色恐龙身上。

图 3-18　Pixy2 传感器识别较好的效果

拓展阅读

颜色识别对于控制系统来说是输入端，能够将经过处理的图像传给控制器。我们还可以结合输出端的特点进行创意设计。例如，在输出端让控制器控制一个小车电机，在传感器的作用下，让小车追踪不同颜色的物体（小球）进行运动。

3.3　图像识别和人脸识别

随着人工智能技术的快速发展，很多人工智能技术已经被应用在人们的日常生活中。例如乘坐火车进站的时候，需要在一个闸机前刷身份证，将身份证上的照片与乘车人进行比对，以确认身份。又如，很多商店也利用人工智能技术将结算方式进行升级，人们选择了相应的食品后，只需将食品放在摄像头下，屏幕上就会出现付款二维码。这些都运用了图像识别的技术，这些技术的应用为我们的生活带来了更多的安全与便捷。本节将介绍图像识别技术。

3.3.1 图像的数字化

机器是如何"看懂"图像的呢？对于电子设备来说，它们"眼"中的图片就是一堆数字信息，这称为图像的数字化。大家肯定都用过数码相机或手机中的照相功能，手机或数码相机都是以数字化的形式存储图片的，当我们把这些图片不断放大时就会发现，它们是由一个个的小色块组成的，如图 3-19 所示。

图 3-19　电子设备"眼"中的图片

在 3.2 节中我们已经学习了电子设备如何依靠颜色传感器识别颜色。数码相机或手机中的摄像头可以看成是由很多的颜色传感器排列而成。每个颜色传感器对应一个小色块的颜色值，而每一个色块称为一个像素，每一个像素又由表示红、绿、蓝的三个基本颜色值组成。因此，一张图片的像素值越大，则图片越清晰，细节越多，同时图片文件也越大。为了更直观地展示图片所对应的数字化信息，这里创建了一个只有 4 个像素的图片，其中4 个色块分别为红、绿、蓝、白，如图 3-20 所示。

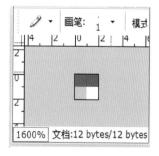

图 3-20　创建只有 4 个像素的图片

将这个图片命名为 4.jpg，之后在 Python IDLE 中查看图片信息，内容如下。

```
>>>import numpy
>>> import cv2
>>> img = cv2.imread("4.jpg")
>>> img
```

```
array([[[0, 0, 254],
    [254, 0, 1]],
    [[ 0, 255, 0],
    [255, 255, 255]]], dtype=uint8)
>>> img.shape
(2, 2, 3)
```

img.shape 的结果是对象 img 的形状，通过这个结果可以知道 4.jpg 数字化之后是一个 2×2×3 的三维数组，其中前面的 2×2 表示图片是一个像素为 2×2 的图片，而 3 表示每个像素都包含三个数，这三个数分别表示当前这个像素点的 B、R、G 值，其中白色对应的值为 [255，255，255]。

3.3.2 颜色识别与 HSV 颜色空间

图像数字化只是图像识别的第一步，此时已经能够对图片的颜色信息进行相应的处理。我们还需要将颜色的信息转化为 H（色调）S（饱和度）V（明度）。例如要将图 3-21 中的蓝色信息提取出来，利用 Python 完成效果如图 3-21 所示。

图 3-21　提取图片中的蓝色信息

其中，图 3-21 右下角的图片是最后提取出来的蓝色部分。这个过程简单理解就是设定一个要寻找的颜色范围，然后让计算机去比对图片中的每一个颜色值，最后将蓝色保留下来，其他都变成黑色。这里使用 Python 编程，使用 OpenCV 库，具体程序代码如下，供感兴趣的教师参考。

```
import cv2
import numpy

img = cv2.imread("tank.jpg")
cv2.imshow('img',img)

hsv = cv2.cvtColor(img, cv2.COLOR_BGR2HSV)
cv2.imshow('hsv',hsv)

lower_blue=numpy.array([90,210,0])
upper_blue=numpy.array([150,255,255])
mask = cv2.inRange(hsv,lower_blue,upper_blue)
cv2.imshow('mask',mask)

res = cv2.bitwise_and(img,img,mask=mask)
cv2.imshow('res',res)
```

这个程序创建了四个窗口，图 3-21 中的原图窗口（左上角）、HSV 窗口（右上角）、mask 窗口（左下角）和结果输出窗口（右下角）。

其中，mask 窗口用来最后与原图进行混合处理，而 HSV 窗口显示的颜色是经过 HSV 变换后的颜色。

下面简单介绍一下 HSV 颜色空间。HSV（hue，saturation，value）是当前颜色检测中最常用的颜色空间，是由 A. R. Smith 在 1978 年根据颜色的直观特性创建的一种颜色空间，也称六角锥体模型（hexcone model），如图 3-22 所示。一般 RGB 颜色模型都是面向硬件的，而 HSV 颜色模型是面向用户的。

这个六角锥体模型中的边界表示色调，水平轴表示饱和度，而亮度沿垂直轴测量。因

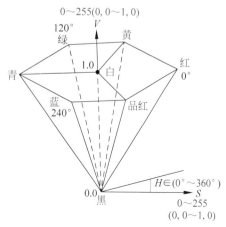

图 3-22　HSV 颜色模型

此这个模型中颜色的参数有三个，即色调（H）、饱和度（S）和亮度（V），各个参数的取值范围如下。

（1）色调H：0°~360°

角度度量，从红色开始按逆时针方向计算，红色为0°，黄色为60°，绿色为120°，青色为180°，蓝色为240°，品红为360°。

（2）饱和度S：0~255

饱和度S表示颜色接近光谱色的程度。任何一种颜色都可以看成是某种光谱色与白色混合的结果。其中光谱色所占的比例越大，颜色接近光谱色的程度越高，颜色的饱和度也就越高。饱和度高，颜色则深且艳。

（3）亮度V：0~255

亮度表示颜色明亮的程度。对于光源色，亮度值与发光体的光亮度有关；对于物体色，此值和物体的透射比或反射比有关。

使用HSV颜色空间时，如果想识别某种颜色，HSV三个参数的范围需要自己慢慢调节，官方的颜色区域并不是特别准确。

3.3.3 卷积运算与边缘提取

处理颜色只是对图片最基本的操作，为了更有效地获取图片要呈现的信息，还需要了解一个概念——卷积运算。

卷积运算并不只是在图像处理中出现的新名词，它和加、减、乘、除一样是一种数学运算。参与卷积运算的可以是向量，也可以是矩阵。

1. 向量的卷积

假设有一个短向量和一个长向量，如下所示。

短向量：

2	4	6

长向量：

1	3	5	7	9

两个向量卷积的结果仍然是一个向量，具体计算步骤如下。

（1）将两个向量的第一个元素对齐，并截去长向量中多余的元素，然后计算这两个维数相同的向量的内积。这里内积的结果为 $2 \times 1 + 4 \times 3 + 6 \times 5 = 44$，则结果向量的第一个元素就是44。

（2）将短向量向右滑动一个元素，从原始的长向量中截去不能与之对应的元素并计算内积，如下所示。

| 2 | 4 | 6 |

| 1 | 3 | 5 | 7 | 9 |

内积的结果为 $2 \times 3 + 4 \times 5 + 6 \times 7 = 68$，则结果向量的第二个元素就是 68。

（3）将短向量再向右滑动一个元素，并截去多余的元素计算内积，如下所示。

| 2 | 4 | 6 |

| 1 | 3 | 5 | 7 | 9 |

内积的结果为 $2 \times 5 + 4 \times 7 + 6 \times 9 = 92$，则结果向量的第三个元素就是 92。

此时，因为短向量的最后一个元素已经与长向量的最后一个元素对齐，所以这两个向量的卷积计算完毕，其结果为

| 44 | 68 | 92 |

卷积运算的一种特殊情况是两个向量的长度相同，在这种情况下不需要进行滑动操作，卷积结果是长度为 1 的向量，结果向量中这个元素就是两个向量的内积。

由以上操作可以看出，卷积运算的结果其长度通常比长向量短。有时为了让卷积运算之后的向量与长向量的长度一致，会在长向量的两端补上一些 0。对于上面这个例子，如果在长向量的两端各补上一个 0，将长向量变成：

| 0 | 1 | 3 | 5 | 7 | 9 | 0 |

则再进行卷积运算时，就可以得到一个包含 5 个元素的结果向量。

2. 矩阵的卷积

下面再了解一下矩阵的卷积运算。对于两个大小相同的矩阵，它们的内积是每个对应位置的数相乘之后的和，如下所示。

$$\begin{bmatrix} 1 & 3 \\ 5 & 7 \end{bmatrix} \times \begin{bmatrix} 2 & 4 \\ 6 & 8 \end{bmatrix} = 1 \times 2 + 3 \times 4 + 5 \times 6 + 7 \times 8 = 100$$

进行向量的卷积运算时，短向量只需沿着一个方向移动，而进行矩阵的卷积运算时，需要沿着矩阵的两个方向移动。例如，一个 2×2 的矩阵与一个 4×4 的矩阵进行卷积运算时，过程如下。

$$\begin{bmatrix} 1 & 2 \\ 3 & 4 \end{bmatrix} \begin{bmatrix} 1 & 1 & 2 & 1 \\ 2 & 1 & 3 & 2 \\ 1 & 3 & 1 & 2 \\ 2 & 3 & 4 & 1 \end{bmatrix} \rightarrow \begin{bmatrix} 13 & & \\ & & \\ & & \end{bmatrix}$$

$$\begin{bmatrix} 1 & 2 \\ 3 & 4 \end{bmatrix}\begin{bmatrix} 1 & 1 & 2 & 1 \\ 2 & 1 & 3 & 2 \\ 1 & 3 & 1 & 2 \\ 2 & 3 & 4 & 1 \end{bmatrix} \rightarrow \begin{bmatrix} 13 & 20 \\ & \end{bmatrix}$$

$$\begin{bmatrix} 1 & 2 \\ 3 & 4 \end{bmatrix}\begin{bmatrix} 1 & 1 & 2 & 1 \\ 2 & 1 & 3 & 2 \\ 1 & 3 & 1 & 2 \\ 2 & 3 & 4 & 1 \end{bmatrix} \rightarrow \begin{bmatrix} 13 & 20 & 21 \\ & & \end{bmatrix}$$

$$\begin{bmatrix} 1 & 2 \\ 3 & 4 \end{bmatrix}\begin{bmatrix} 1 & 1 & 2 & 1 \\ 2 & 1 & 3 & 2 \\ 1 & 3 & 1 & 2 \\ 2 & 3 & 4 & 1 \end{bmatrix} \rightarrow \begin{bmatrix} 13 & 20 & 21 \\ 19 & & \end{bmatrix}$$

……

$$\begin{bmatrix} 1 & 2 \\ 3 & 4 \end{bmatrix}\begin{bmatrix} 1 & 1 & 2 & 1 \\ 2 & 1 & 3 & 2 \\ 1 & 3 & 1 & 2 \\ 2 & 3 & 4 & 1 \end{bmatrix} \rightarrow \begin{bmatrix} 13 & 20 & 21 \\ 19 & 20 & 18 \\ 25 & 30 & 21 \end{bmatrix}$$

同样，有时为了让卷积运算之后的矩阵与大矩阵的大小一致，会在大矩阵的四周补上一圈数值，不过补的数值并不都是 0。

OpenCV 中用 cv2.filter2D() 实现卷积操作。通过卷积操作能够帮助我们获取图片中的特征信息，本节将通过下面的小矩阵来提取图片中的垂直边缘。

$$\begin{bmatrix} -1 & 0 & 1 \\ -2 & 0 & 2 \\ -1 & 0 & 1 \end{bmatrix}$$

这种参与运算的小矩阵通常被称为卷积核。上面的这个卷积核之所以能够提取图片中的垂直边缘，是因为与这个卷积核进行卷积相当于是对当前列左右两侧的元素进行差分，由于边缘的值明显小于（或大于）周边像素，所以边缘的差分结果会明显不同，这样就提取出了垂直边缘。同理，把小矩阵进行转置为

$$\begin{bmatrix} -1 & -2 & -1 \\ 0 & 0 & 0 \\ 1 & 2 & 1 \end{bmatrix}$$

即可提取图片的水平边缘。

利用 Python 完成图片的垂直边缘和水平边缘提取效果如图 3-23 所示。

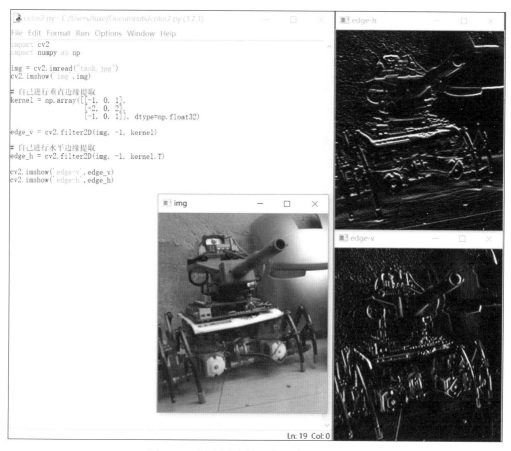

图 3-23 提取图片的垂直边缘和水平边缘

具体代码如下，供感兴趣的教师参考。

```
import cv2
import numpy as np

img = cv2.imread("tank.jpg")
cv2.imshow('img',img)

#自己进行垂直边缘提取
kernel = np.array([[-1, 0, 1],
                   [-2, 0, 2],
                   [-1, 0, 1]],
            dtype=np.float32)

edge_v = cv2.filter2D(img, -1, kernel)
```

```
# 自己进行水平边缘提取
edge_h = cv2.filter2D(img, -1, kernel.T)

cv2.imshow('edge-v',edge_v)
cv2.imshow('edge-h',edge_h)
```

通过上面的学习，我们大致了解了图像识别的基本原理。接下来，可以进行简单的实践，结合前面的讲解加深对图像识别原理的理解。

3.3.4　任务实践——人脸识别

通过对图片的三维数组这个矩阵进行多次卷积运算能够帮助我们简化图片，然后进一步通过特定算法提取出图片中对应的文字信息或归纳出一些有针对性的属性信息。例如车牌图片中具体的车牌号码、菜单照片中具体的菜品名称、一张热气球照片中热气球的数量等。

这个过程听起来简单，但在实际操作中要复杂得多。首先用来与图片的三维数组这个矩阵进行运算的卷积核如何设定就是一件很复杂的事情，目前很多卷积核的设定都已经不是人工来设计了，人工只能胜任简单情况下卷积核的设计。例如边缘检测（边缘部分的像素值与旁边像素是有明显区别的），在边缘检测图上设计出能描述复杂模式的卷积核十分困难，例如人脸检测。这些进行卷积运算的卷积核都是通过大量的数据训练出来的。另外在进行多次的卷积运算时，还需要配合池化、激励等，以获得最优的输出效果。

网络上有很多已经训练好的模型可以让我们直接体验，旷视科技的 Face++ 人工智能开放平台上就提供了不少这样的体验，如图 3-24 所示。

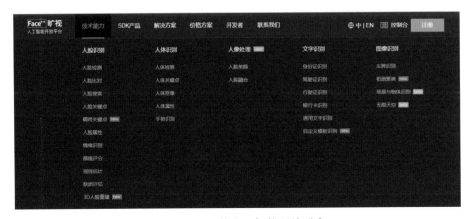

图 3-24　Face++ 人工智能开放平台

这些体验大的分类包括人脸识别、人体识别、人像处理、文字识别和图像识别。下面就来实践一下人脸识别中的人脸检测功能。选择对应的菜单项，出现如图 3-25 所示界面。

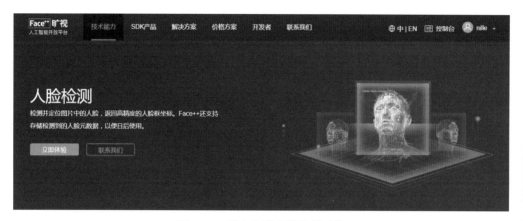

图 3-25　平台上的人脸检测功能

旷视科技的人脸检测功能能够检测并定位图片中的人脸，并返回高精度的人脸框坐标，同时支持存储检测到的人脸元数据。可以滑动鼠标滚轮找到下方的功能演示，如图 3-26 所示。

图 3-26　人脸检测功能中的功能演示

在左侧的图片下方有一个本地上传的按钮，可以上传本地的图片完成人脸检测。按钮右侧还可以输入一个网络图片的地址完成网络图片的人脸检测。

当完成图片的选择之后，右侧就会给出分析结果，同时会将图片中的每个人脸单独提取出来。如果单击对应的人脸，则会显示出对应人脸上的关键点，如图 3-27 所示。同时，右侧会给出一些辅助的参考信息，比如年龄、性别、头部姿态等。

图 3-27　对图片的分析结果

当在具体的一个人脸信息中选择 Response JSON 选项时，能够看到相应的人脸元数据，这些数据包括检测的时间、人脸上关键点的坐标、眼睛的状态、头部的姿态等。

拓展阅读

在旷视科技的 Face++ 人工智能开放平台中，可以看到大的分类包括人脸识别、人体识别、人像处理、文字识别和图像识别，而每一个大的分类下又有很多子项目。例如在人脸识别中还可以让人工智能帮助我们将特定头像与一堆头像进行对比（这个功能与火车站进站口闸机的对比功能相似）。另外，还有图像处理以及文字、车牌识别。这些功能大家都可以自己尝试一下。

CHAPTER 4
第4章

"能动"的机器人——
无人驾驶体验

主题背景

在前面的学习中，我们已经了解了机器人能像人"一样听"，进行声音及语音识别，能像人"一样看"，进行颜色及图像识别。

下面就来探索一下机器人的"自主运动"——无人驾驶。无人驾驶集自动控制、人工智能、视觉计算等众多技术于一体，是衡量一个国家科研实力和工业水平的一个重要标志，在国防和国民经济领域具有广阔的应用前景。

在本章中，我们将介绍自动控制的知识，结合巡线传感器，制作一款能够自动巡线并且认路的小车；一起探索无人驾驶的原理和无人驾驶技术的发展，共同制作一辆无人驾驶小车。

知识结构

本章知识结构如图 4-1 所示。

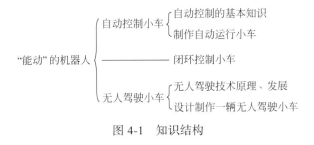

图 4-1　知识结构

4.1　设计制作一辆自动运行小车

在现代科学技术的众多领域中，自动控制技术起着越来越重要的作用。自动控制是指在无人直接参与的情况下，通过传感器、控制器，使被控制对象即被控制量自动地按照预定的规律运行。例如生活中常见的自动化生产线、流水线等都是自动控制的应用。

4.1.1　实验器材

实验器材包括 Arduino Nano 微控制器、直流减速电机、电机驱动模块、杜邦线、电池盒、面包板和万向轮。

4.1.2 实验电路

自动运行小车的电路搭建（自动小车采用直流减速电机）如图 4-2 所示。通过 USB 接口将编写的 Arduino 程序上传到 Arduino Nano 单片机学习板，运行后控制电机的运行状态。

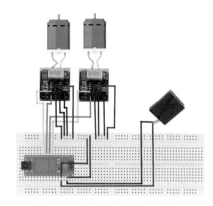

图 4-2 自动行驶小车电路图

1. 左电机的控制

控制左电机的是单片机引脚 D2 和 D3，控制关系如表 4-1 所示。编程控制 D2 和 D3 引脚输出高、低电平（逻辑 1、逻辑 0），可以控制左电机做出相应的动作。

表 4-1 左电机的控制

D2	D3	左电机动作
低（0）	高（1）	前进
高（1）	低（0）	后退
低（0）	低（0）	停止
高（1）	高（1）	停止

2. 右电机的控制

控制右电机的是单片机的引脚 D10 和 D11，控制关系如表 4-2 所示。编程控制 D10 和 D11 引脚输出高、低电平（逻辑 1、逻辑 0）。

表 4-2 右电机的控制

D10	D11	右电机动作
低（0）	高（1）	前进
高（1）	低（0）	后退
低（0）	低（0）	停止
高（1）	高（1）	停止

4.1.3 程序清单

编写小车行驶的程序如下。

（1）左电机前进

左电机前进需要将引脚 D2 输出低电平；引脚 D3 输出高电平，编写程序如图 4-3 所示。

（2）左电机后退

左电机后退需要将引脚D2输出高电平；引脚D3输出低电平，编写程序如图4-4所示。

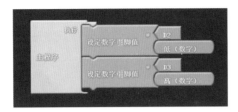
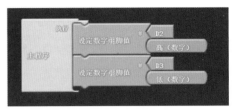

图4-3　左电机前进程序　　　　　　图4-4　左电机后退程序

（3）左电机停止

左电机停止需要将引脚D2输出高电平；引脚D3输出高电平，编写程序如图4-5所示。

（4）右电机前进

右电机前进需要将引脚D10输出低电平；引脚D11输出高电平，编写程序如图4-6所示。

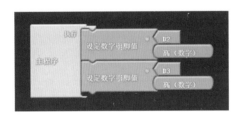
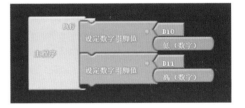

图4-5　左电机停止程序　　　　　　图4-6　右电机前进程序

（5）右电机后退

右电机后退需要将引脚D10输出高电平；引脚D11输出低电平，编写程序如图4-7所示。

（6）右电机停止

右电机停止需要将引脚D10输出高电平；引脚D11输出高电平，编写程序如图4-8所示。

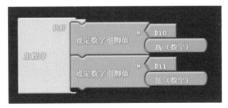
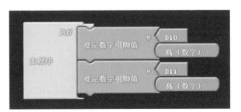

图4-7　右电机后退程序　　　　　　图4-8　右电机停止程序

（7）小车前进

小车前进，需要左、右电机同时前进，编写程序如图 4-9 所示。

（8）小车后退

小车后退，需要左、右电机同时后退，编写程序如图 4-10 所示。

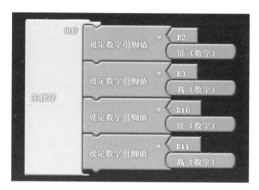
图 4-9 小车前进程序

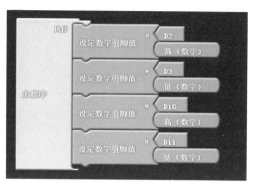
图 4-10 小车后退程序

4.2 闭环控制小车

在小车自动行驶的基础上，继续设计制作一辆可以自动巡线行驶的"智能"巡线车。巡线小车可以按照既定的线路"聪明"地行驶。

4.2.1 实验器材

实验器材包括 Arduino Nano 微控制器、直流减速电机、电机驱动模块、循迹传感器、杜邦线、电池盒、面包板和万向轮。

4.2.2 实验电路

巡线小车的电路搭建（自动小车采用直流减速电机）如图 4-11 所示。

在电路中，把两个寻迹传感器接到单片机的引脚 8 和引脚 9，用引脚 2、3、10、11 控制两个减速电机。

小车在跑道上的位置和状态有 4 种情况，如表 4-3 所示。

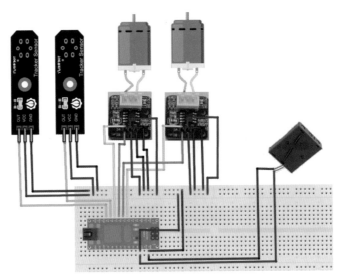

图 4-11　巡线小车电路图

表 4-3　小车在跑道上的位置和状态

情况	左侧传感器	右侧传感器	小车位置	小车状态
情况 1	1	1	位置正常	前行
情况 2	0	1	偏右	左转
情况 3	1	0	偏左	右转
情况 4	0	0	位置异常	停止

注：0 代表 LOW（低电平），1 代表 HIGH（高电平）。

4.2.3　程序清单

程序清单如图 4-12 所示。

4.2.4　程序说明

小车巡线行驶的初始情况是把小车放在黑线中间，这时两个传感器在黑线的两侧，同时照射在白色赛道上。在小车走线的过程中会出现以下 4 种情况。

（1）左、右两个传感器都是白色（高电平），这是正常的情况，说明小车在正确的位置，程序控制小车继续向前直行。

（2）左黑（低电平）右白（高电平），说明小车目前向右偏离黑线，需要让小车左转将小车修正回正确的位置，程序中让左电机停止，右电机转动使小车左转。

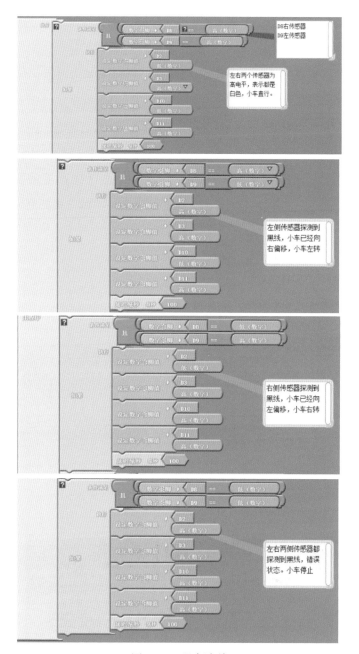

图 4-12 程序清单

（3）左白（高电平）右黑（低电平），说明小车目前向左偏离黑线，需要让小车右转将小车修正回正确的位置，程序中让右电机停止，左电机转动使小车右转。

（4）左、右两个传感器都是黑色（低电平），这种情况表示小车走线失败，前面的修正没有起到效果。在正常情况不会出现这样的情况。

实际操作中，可以通过调速的方式实现小车的左转和右转。

4.3　基于图像识别技术自动驾驶小车

随着智能控制技术和人工智能技术的发展，自动驾驶已成为当前炙手可热的领域，无人驾驶被视为汽车产业的一个新机会。也许不远的将来，人将从汽车驾驶的工作中解放出来。

目前主流的自动驾驶系统有：基于规则的系统（rule based system）、端到端的系统（end-to-end）以及综合以上两种系统的综合性系统。本节的实践任务是针对端到端系统的自动驾驶小车。该小车主要的传感器是摄像头，以此来获取无人驾驶所需要的视觉信息。

制作一辆基于图像识别技术的自动驾驶小车，并调试完成，实现其在赛道上的自动驾驶。

4.3.1　实验器材

实验器材包括树莓派 3B+、树莓派扩展板、广角摄像头、直流减速电机、舵机、小车底盘和电池。

4.3.2　实验电路

自动驾驶小车电路的搭建如图 4-13 所示。

自动驾驶小车
启动和数据
采集流程

自动驾驶小车
自动驾驶模式
演示

图 4-13　自动驾驶小车电路

在电路中，将舵机连接到树莓派扩展板的舵机 PWM0 接口（注意线序方向），电机连接到树莓派扩展板的 M0 接口。

4.3.3 实验原理

首先，手动操作小车采集道路信息等数据；然后，运用神经网络算法训练数据模型；最后，将训练好的数据模型导入小车树莓派中，开启自动驾驶模式就可以实现自动驾驶了。实验原理如图 4-14 所示。

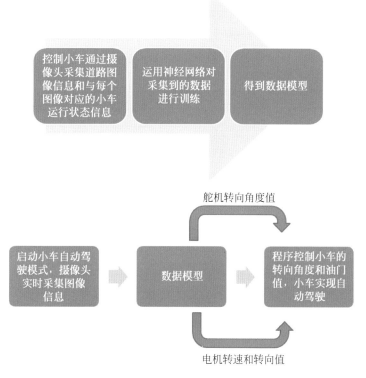

图 4-14 实验原理

4.3.4 操作流程

小车拼装调试完成后，我们将采集数据、训练数据模型、实现小车自动驾驶。这里用到了 3 个软件：WinSCP（用于导入和导出树莓派中的数据）、PuTTY（用于远程输入树莓派指令）、IAI（用于数据模型训练）。

1. 控制采集数据

打开小车电源开关，小车树莓派系统启动后会自动生成一个热点，用自己的计算机连接到小车的热点网络。打开 PuTTY 软件，如图 4-15 所示。

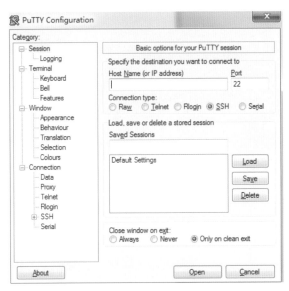

图 4-15　PuTTY 软件界面

在 Host Name 栏输入地址 192.168.1.1 按回车键进入如图 4-16 所示的界面。

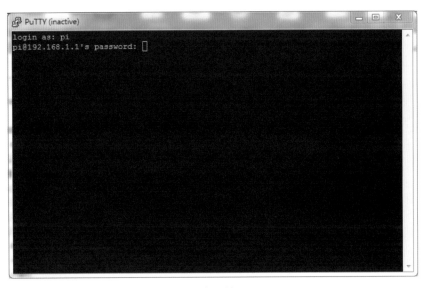

图 4-16　密码输入界面

输入账号 pi 并按回车键，输入密码 raspberry（输入密码时界面不会显示密码内容）后按回车键进入如图 4-17 界面。

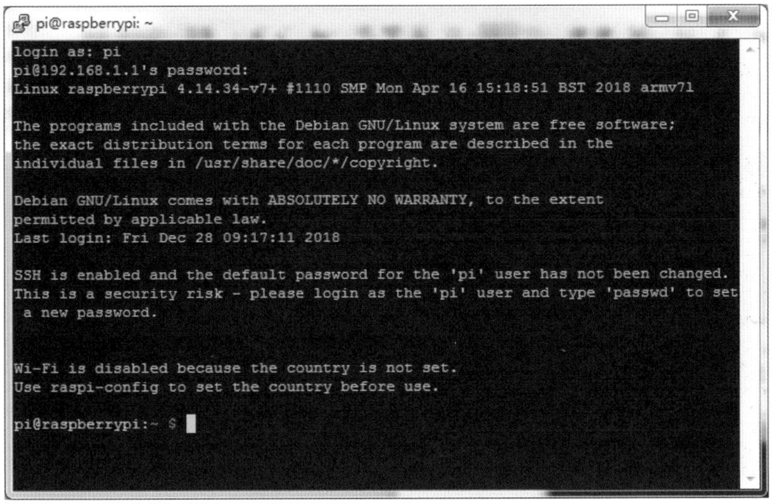

图 4-17 指令输入界面（1）

在指令界面输入：source /home/pi/py3env/bin/activate 并按回车键，输入 cd~/mycar 并按回车键，输入 python~/mycar/manage.py drive 并按回车键。

等待终端界面显示如图 4-18 所示内容，用计算机或者手机连接小车的热点，打开浏览器输入 http://192.168.12.1: 8887/drive，就可以进入控制页面了。

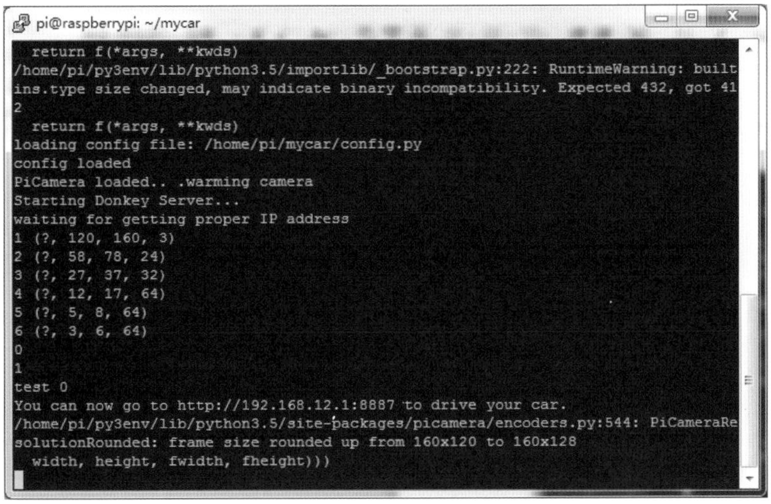

图 4-18 指令输入界面（2）

进入控制界面后，单击 Start Vehicle 按钮，开始控制小车运动。手机端可利用重力感应或者触摸屏控制小车；计算机端可用鼠标单击摇杆界面或者键盘控制小车。

小车控制操作熟练后，就可以尝试采集数据了，采集数据之前先删除原来的数据。打开 PuTTY 界面，输入 cd~/mycar 并按回车键，输入 rm -rf tub 并按回车键，如图 4-19 示。

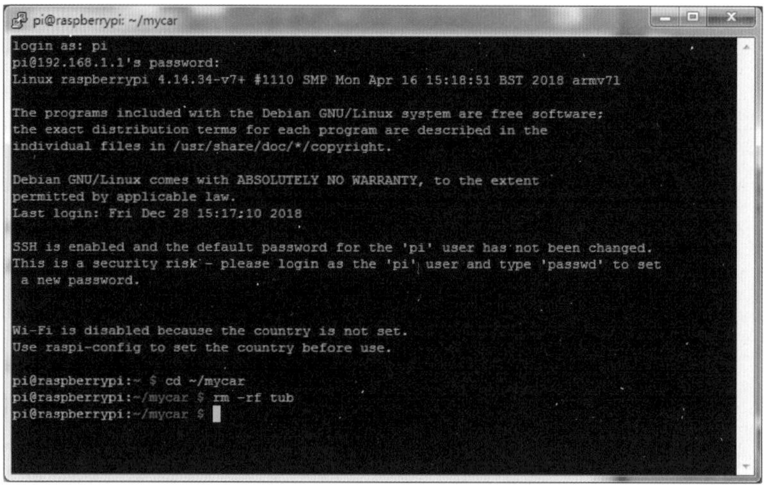

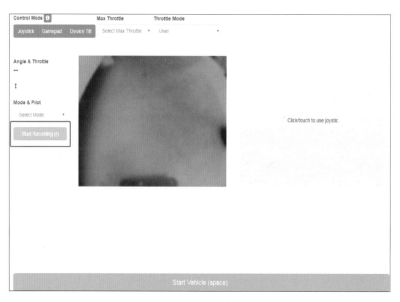

图 4-19 指令输入界面（3）

数据删除之后，重新启动小车控制程序，进入控制界面。单击 Start Vehicle 按钮之后单击 Start Recording 按钮开始驾驶。注意驾驶时要平稳，以保证采集数据的质量，如图 4-20 示。

图 4-20 小车控制界面

2. 导出数据

数据采集完成之后单击控制界面的 Stop Recording 按钮，回到 PuTTY 软件界面。按组合键 Ctrl+C 停止小车控制程序，然后在计算机端打开软件 WinSCP，主机名输入 192.168.1.1，用户名为 pi，密码为 raspberry，如图 4-21 所示。

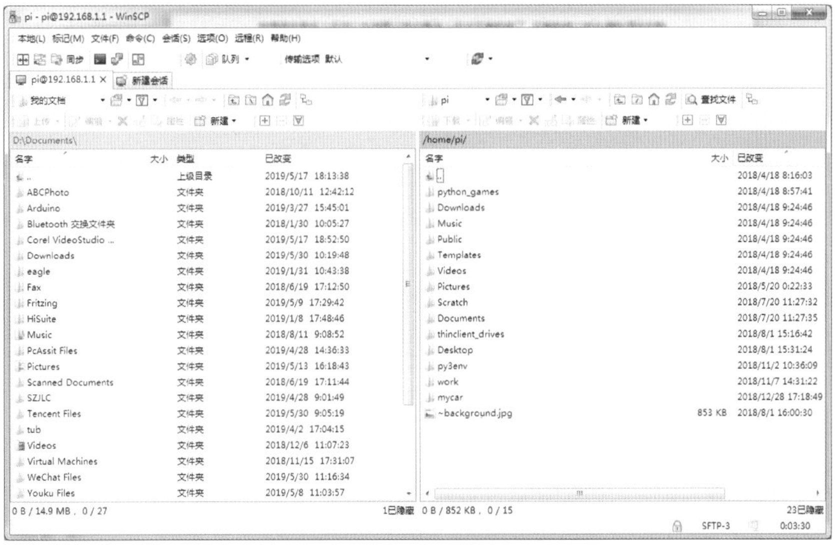

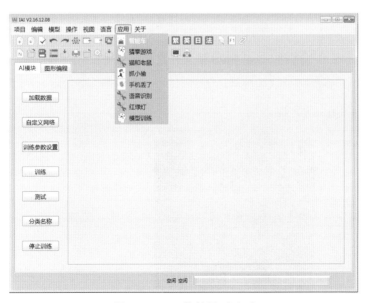

图 4-21 WinSCP 软件界面

软件界面左侧窗格显示的内容是计算机的文件，右侧窗格显示的内容是小车系统下载的文件。找到 mycar 文件夹，打开之后找到 tub 文件夹，文件夹里记录的是采集的数据，将数据复制并粘贴到计算机中（路径不要有中文）。

3. 数据模型训练

在计算机上打开 IAI 软件，选择"应用"菜单下的"智能车"选项，如图 4-22 所示，然后单击"模型"菜单，选择"导出模型"选项，指定导出位置（路径不要有中文）。

图 4-22 IAI 软件界面（1）

单击"加载数据"按钮，选择"视觉数据"，选中之前从小车系统复制的 tub 文件，单击"训练参数设置"按钮，根据数据量设置训练参数。"迭代次数"一般为 30 次以上，"批大小"根据计算机的内存设置一般取一个 2 的 n 次方的数值，如图 4-23 所示。

图 4-23 IAI 软件界面（2）

参数设置完成后，单击"训练"按钮，等待训练完成后会生成一个 mypilot 文件。打开 WinSCP 将训练好的 mypilot 文件复制到小车系统 mycar 文件夹下的 models 子文件夹中。

打开 PuTTY 界面，输入 source /home/pi/py3env/bin/activate 并按回车键，输入 cd~/mycar 并按回车键，输入 python manage.py drive --model~/mycar/models /mypilot 并按回车键。

小车程序启动后，将小车放置在跑道上，用手机或者计算机进入小车控制界面，在 Mode&Pilot 菜单下选择 Local Pilot 模式开启自动驾驶模式，如图 4-24 所示，小车自己跑起来了。

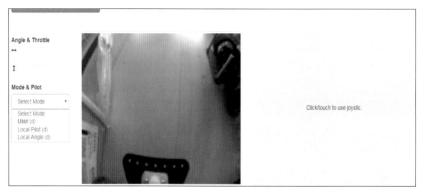

图 4-24 小车控制界面

拓展阅读

基于规则的自动驾驶系统就是理解了整个场景之后，再做决策，这就需要涉及很多问题。例如，车道线、交通标志的识别、行人检测、信号灯检测、车辆的检测等。基于规则的方法需要将各种因素全部纳入考虑范围进行综合决策，这是一件非常困难且复杂的事情。这种系统的优点是有严谨的规则，系统可解释性强；缺点是系统计算量大，对硬件要求较高。

基于端到端的自动驾驶系统主要应用深度学习或者结合增强学习实现自动驾驶。这种实现方法的优点是不需要人为地制定规则，系统的各项成本都比基于规则的系统要低；缺点是对于不同的车辆和传感器，系统需要进行校准。

CHAPTER 5
第 5 章

"能互联"的智能家居——
物联网及智能家居技术

5.1 蓝牙及无线通信

5.2 智能家居

物联网

主题背景

通过前面的学习，大家已经对机器人有了一定的了解，通过人工智能技术，机器人可以与人类进行各种交流和互动。既然机器能够像人一样有听觉、视觉和触觉，那么它能否像人一样进行各种动作和操作，帮助人类完成各种工作呢？本章将介绍智能家居。随着 5G 时代的到来，物联网在生活中的应用无处不在，它能够实现物物相连的信息交换和通信，实现人与物之间全面的信息交互。物联网不仅是目前科技行业的热点领域，也是传统行业关注的重点。它的存在改变了人们的生活方式，为日常生活带来极大的便利。

知识结构

本章知识结构如图 5-1 所示。

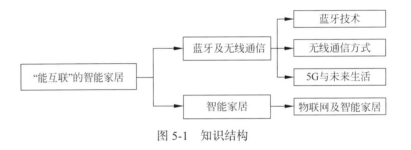

图 5-1　知识结构

5.1　蓝牙及无线通信

提到"蓝牙"这个名词，大家一定不会陌生：两部手机之间通过蓝牙连接以后可以实现数据共享；蓝牙耳机简化了耳机与手机连接的数据线，方便人们的使用；车载蓝牙免提电话为司机解决了开车打电话的烦恼，这些都是蓝牙无线通信给人们生活带来的便利。在实现物联网的短距无线通信技术中，蓝牙、Wi-Fi、ZigBee 是目前应用最为广泛的三种短距无线通信技术。本节就给大家简单介绍蓝牙无线通信技术。通过蓝牙控制，可以让机器人在一定范围内完成规定任务。

5.1.1　蓝牙技术的基本知识

1. 蓝牙技术

蓝牙是一个标准的无线通信协议，它基于低成本的收发芯片实现近距离无线连接，它为固定设备和移动设备建立通信环境，实现短距离数据交换，在电信、计算机、网络与消费性电子产品等领域被广泛应用。

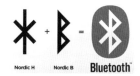

图 5-2　蓝牙图标的含义

蓝牙图标（见图 5-2）是北欧古字母符文 ✳（Hagall）和 ฿（Bjarkan）的结合，也就是 Harald Bluetooth 两个词的首字母。

2. 蓝牙模块

蓝牙模块是一种集成蓝牙功能的 PCBA 板，用于短距离无线通信，按功能可分为蓝牙数据模块和蓝牙语音模块两种类型。蓝牙模块集成了蓝牙的功能，其中包括数据传输模块和远程控制模块等。

3. 蓝牙模块的参数设置

Arduino 蓝牙模块基本参数的设置主要包括蓝牙名称、模式以及匹配密码。设置蓝牙模块可以用 USB-TTL 连接计算机，使用串口调试软件进入 AT 模式进行设置，也可以使用 Arduino 连接蓝牙模块进行设置。

下面介绍如何用 Arduino 连接蓝牙模块进行设置。

图 5-3　蓝牙模块及对应引脚

以 HC05 蓝牙模块（见图 5-3）为例。HC05 蓝牙模块是主从一体的蓝牙串口模块，当蓝牙设备配对连接成功后，可以忽视蓝牙内部的通信协议，直接将蓝牙当作串口使用。建立连接后，两个设备共同使用同一通道即同一个串口，一个设备发送数据到通道中，另一个设备便可以接收通道中的数据。

1）Arduino HC05 蓝牙模块 AT 模式接线

（1）进入 AT 模式设置蓝牙的接线如下：

Arduino 5V—VCC

Arduino GND—GND

Arduino Pin10—TXD

Arduino Pin11—RXD

（2）Arduino 进入 AT 模式代码。首先将 Arduino 断电，然后按住蓝牙模块上的黑色按钮，再让 Arduino 通电，如果蓝牙模块指示灯每隔 2s 闪烁一次，表明蓝牙模块已经正确进入 AT 模式。接下来需要为使用 Arduino 设置蓝牙模块 AT 模式编写程序，这个程序可以帮助我们通过 Arduino IDE 提供的串口监视器设置蓝牙模块。Arduino 代码如下。

```
#define AT 2
#define LED 13
void setup()
{
    pinMode(LED,OUTPUT);
    pinMode(AT,OUTPUT);
    digitalWrite(AT,HIGH);
    Serial.begin(38400);                    // 这里应该和所用模块通信波特率一致
    delay(100);
    Serial.println("AT");
    delay(100);
    Serial.println("AT+NAME=OPENJUMPER-Bluetooth"); // 命名模块名
    delay(100);
    Serial.println("AT+ROLE=0");      // 设置主从模式：0 为从机，1 为主机
    delay(100);
    Serial.println("AT+PSWD=1234");          // 设置配对密码，如 1234
    delay(100);
    Serial.println("AT+UART=9600,0,0");
                            // 设置波特率为 9600bit/s，停止位为 1，校验位无
    delay(100);
    Serial.println("AT+RMAAD");      // 清空配对列表
}
void loop()
{
    digitalWrite(LED, HIGH);
    delay(500);
    digitalWrite(LED, LOW);
    delay(500);
}
```

2）利用 Arduino IDE 串口监视器进行调试

打开 Arduino IDE 的串口监视器，选择正确的端口，将输出格式设置为 Both: NL & CR，波特率设置为 38400 bit/s，可以看到串口监视器中显示信息 BT is ready!。然后输入 AT，如果一切正常，串口显示器会显示 OK。

接下来即可对蓝牙模块进行设置。常用 AT 命令如下。

AT+ORGL：恢复出厂模式。

AT+NAME=：设置蓝牙名称。

AT+ROLE=0：设置蓝牙为从模式。

AT+CMODE=1：设置蓝牙为任意设备连接模式。

AT+PSWD=：设置蓝牙匹配密码。

正常情况下，命令发送后会返回 OK。如果没有返回任何信息，需检查接线是否正确以及蓝牙模块是否已经进入 AT 模式。如果上述两点都没有问题，可能是蓝牙模块出现了问题。设置完毕后，断开电源，再次通电，这时蓝牙模块指示灯会快速闪烁，表明蓝牙已经进入正常工作模式。

5.1.2　常见的无线通信方式

无线通信就是不用导线、电缆、光纤等有线介质，而是通过空间传递电磁信号的通信方式。热门的无线通信技术有 3G、4G、5G、WLAN、UWB 和蓝牙等。

目前无线通信的应用主要有无线电台、微波通信、移动通信、卫星通信、无线宽带、航天器与地球之间的遥测、遥控及通信等；无绳电话机也应用了无线通信技术。广义来讲，电视、空调的遥控以及广播、电视也属于无线电通信的范畴。

表 5-1 是几种常见的无线通信方式的比较。

表 5-1　常见的无线通信方式的比较

种　类	ZigBee	蓝　牙	Wi-Fi	移动通信	传统数传电台
单点覆盖距离	50~300m	10m	50m	可达几千米	可达 6km
网络扩展性	自动扩展	无	无	依赖现有网络覆盖	无
电池寿命	数年	数天	数小时	数天	数小时至数天
复杂性	简单	复杂	非常复杂	复杂	复杂
传输速率	250kbit/s	1Mbit/s	1~11Mbit/s	38.4kbit/s	一般为 19.2kbit/s
频段	868MHz~2.4GHz	2.4GHz	2.4GHz	0.8~1GHz	400MHz~2.4GHz
网络节点数	65000	8	50		无
联网所需时间	仅 30ms	高达 10s	3s	数秒	
终端设备费用	低	低	高	较高	高
有无网络使用费	无	无	无	有	
安全性	128bit AES	64bit，128bit	SSID		
集成度和可靠性	高	高	一般	一般	低
使用成本	低	低	一般	高	高
安装使用难易	非常简单	一般	难	一般	难

5.1.3　5G 与未来生活

5G 网络是下一代移动互联网连接标准，它能为智能手机和其他设备提供更快的速度和更可靠的连接，结合目前最尖端的网络技术和最新的科学研究，1Gbit/s 的下载速度预计很快就会成为常态。5G 网络将助推物联网技术的应用大幅增长，提供承载海量数据所需的基础设施，从而实现一个更智能、更互联的世界。

5G 会给我们的生活带来哪些改变？人们可以享受更快的下载和上传速度（目前 4G 网络的速度大约为 100Mbit/s）、享受更流畅的在线视频、更清晰的语音和视频通话、更稳定的数据连接。随着更多的物联网设备进入我们的生活，生活方式将会变得更加方便、智能（智能城市和自动驾驶汽车）。未来的学习生活将更为高效化、专业化。随时随地的网络将让每个人的终生学习成为必然。与之配套发展的云计算、云存储的时代将随之到来，那时的生活或许会有翻天覆地的变化，无人驾驶、云游戏、远程医疗等将成为可能。

5.2　智能家居

5.2.1　物联网及智能家居

什么是智能家居？智能家居（smart home 或 home automation）是以住宅为平台，利用综合布线技术、网络通信技术、安全防范技术、自动控制技术、音视频技术将家居生活相关的设施进行集成，构建高效的住宅设施与家庭日程事务的管理系统，提升家居的安全性、便利性、舒适性和艺术性，并实现环保节能的居住环境（见图 5-4）。

如果从概念上理解智能家居，你可能会觉得有些陌生，但是如果说些生活中遇到的小尴尬，你可能对智能家居就不陌生了。例如忘带钥匙，忘关燃气阀门，不想拖地，嫌弃洗碗……这些我们生活中遇到的小"麻烦"都已经随着科技的进步迎刃而解，智能家居正逐渐融入我们的生活，人们将不再被生活的一些琐事困扰。

简单来说，智能家居就是一种能够根据人们的实际需要，实现智能控制和远程操控，帮助人们解决家庭生活中的一些安全和便利方面的问题。

图 5-4　现代家庭中常见的智能控制

智能家居系统应该包括哪些方面呢？智能家居系统非常多，有视频监控系统、灯光窗帘系统、背景音乐系统、智能影音系统、防盗报警系统、可视对讲系统、综合布线系统等。

例如，一套完整的视频监控系统主要由前端摄像头、网线、电源线、交换机、网络硬盘录像机（NVR）、硬盘、显示器等组成。一般家中监控摄像头主要分为室内和室外两种，室内可以选择 Wi-Fi 类小巧型摄像头，室外可以选择有线类摄像头，像素选择 1080p 就可以了。设备安装完成后，下载厂商手机端 App，打开厂商手机端 App，扫描摄像头二维码，添加摄像头，就可以看视频预览和回放了。

我们可以通过手中的掌控板，动手模拟智能家居，通过 OneNET 平台给掌控板下发命令，控制满天星彩灯、电风扇的开关。准备材料的清单、硬件连接具体步骤如图 5-5 所示。

1. 连接网络，配置 OneNET

掌控板要连接到与 OneNET 平台同一个网络中，所以第一步要使掌控板连接网络。这个 Wi-Fi 网络必须和 OneNET 平台连接的 Wi-Fi 是同一个网络。网络设置模块如图 5-6 所示。

当找到这个模块后，在 OLED 屏幕上就显示"智能家居"的文本内容，如图 5-7 所示。

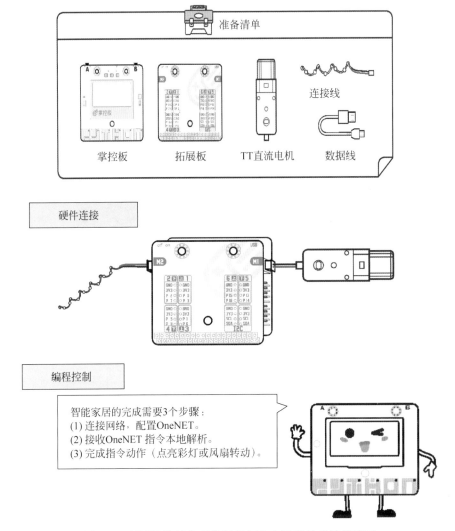

图 5-5 利用掌控板实现控制彩灯和电风扇转动效果演示

图 5-6 掌控板连接网络的模块设置　　　　图 5-7 OLED 屏幕的初始显示

　　要实现 OneNET 平台和掌控板的相互通信，就必须创建 OneNET，并设置对应的数据，设置完成后才能使两者成功搭建通信渠道（服务器数据无须修改，设备 ID、产品 ID、产品 APIKey 都需要在 OneNET 平台找到对应的数据）。

　　在 OneNET 平台寻找相关数据的步骤如下。

第一步：在浏览器输入网址 https://open.iot.10086.cn/，进入 OneNET 物联网开放平台，如图 5-8 所示。

图 5-8 OneNET 物联网开放平台

第二步：成功登录后，进入"开发者中心"，在"添加产品"界面中对"产品信息"和"技术参数"进行设置，如图 5-9 所示。

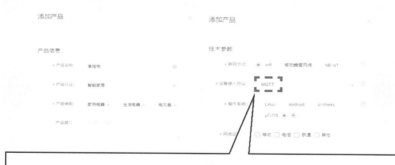

MQTT协议

MQTT由于开放源代码、耗电量小等特点，在移动消息推送领域有很多贡献。在物联网领域，在传感器与服务器的通信、信息的收集等方面，MQTT都可以作为考虑方案之一。MQTT技术（消息队列遥测传输）是IBM开发的一个即时通信协议，有可能成为物联网的重要组成部分，该协议支持所有平台，可以把大部分联网物品和外部连接起来。比如可以通过掌控板使用MQTT协议接入OneNET平台，实现物联网控制。

图 5-9 添加产品

第三步：添加产品成功后，产品就会出现在列表中，并提醒用户添加设备。随即进入到添加设备的界面（为方便测试，对设备信息的设置不做硬性要求），如图 5-10 所示。

图 5-10　添加设备

第四步：成功添加设备后，显示离线状态，说明掌控板和 OneNET 平台没有成功连接，需要寻找设备 ID、产品 ID 以及产品 APIKey 的数据。具体使用的模块和显示效果如图 5-11 所示。

图 5-11　添加设备后显示离线状态

第五步：在"产品概况"一栏，找到相关产品 ID 和产品 APIKey 数据，具体操作如图 5-12 所示。

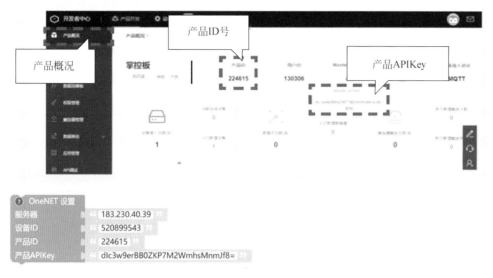

图 5-12 寻找产品 ID 和产品 APIKey 数据

第六步：将程序载入掌控板并运行，发现 OneNET 平台的设备状态显示"在线"，说明连接成功，如图 5-13 所示。

图 5-13 连接成功

2. 接收 OneNET 指令本地解析

掌控板从 OneENT 平台收到消息（变量 _msg）后，在 OLED 显示出文本（命令内容）。可以将变量 _msg 理解为"消息"，它有唯一性，不能用其他变量代替，如图 5-14 所示。

图 5-14 接收 OneNET 指令

3. 完成指令动作

掌控板根据收到消息的不同，执行不同的指令动作。例如，收到"开灯"的消息时，则让彩灯亮起来（彩灯接在 M2 引脚）；收到"打开风扇"的消息时，则 TT 直流电机转起来（电机接在 M1 引脚，转速最快是 100r/min）。具体模块编程如图 5-15 所示。

图 5-15　掌控板根据收到的消息执行指令动作

通信成功之后，就可以编程控制彩灯或电风扇转动了，参考程序如图 5-16 所示。

图 5-16　掌控板控制彩灯和电风扇转动的示例程序

怎么通过 OneNET 平台给掌控板发送命令呢？

在"设备列表"中直接进入"下发命令"窗口，选择字符串类型，输入命令内容（开灯、关灯、打开电风扇、关闭电风扇），发送到掌控板即可实现控制。具体显示效果如图 5-17 所示。

图 5-17　在 OneNET 平台给掌控板发送命令

5.2.2　制作智能家居模型

智能家居不仅具有传统的居住功能，还能提供舒适、安全、高效、人性化的生活空间，将被动静止的家居设备转变为具有"智慧"的工具。接下来我们将一个普通的时钟改造成智能时钟。

首先将掌控板连接 Wi-Fi 网络获取国际标准时间，然后将获取的时间实时显示在 OLED 显示屏上。下面就根据图 5-18 所示材料清单和步骤，开始操作吧。

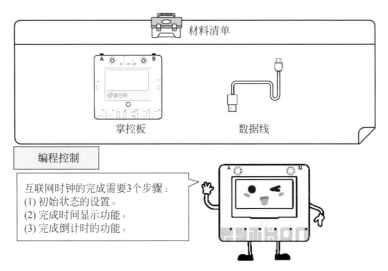

图 5-18 完成互联网时钟的任务清单

1. 初始状态的设置

连接 Wi-Fi 网络和设置密码。联网成功后，同步网络时间，即获取国际标准时间，统一用东 8 区的标准时间（即北京时间）作为取读时间。新建两个变量：min 和 True，min 用于存储倒计时的分钟时间；True 用于存储时间显示和倒计时两个功能的切换。当 True=0 时，OLED 屏显示时间；当 True=1 时，进入倒计时界面。模块参数如图 5-19 所示。

图 5-19 联网成功后，完成初始状态的设置

2. 完成时间显示的功能

如果 True=0 时，即切换到时间显示的界面。清空 OLED 屏幕，并显示三行文本内容，第一行显示"北京时间"；第二行显示日期；第三行显示时间。通过坐标确定文本内容的位置，获取的"本地时间"属于数字类型，OLED 屏不能直接读取，所以需要转化为文本内容才能显示。模块参数的设置如图 5-20 所示。

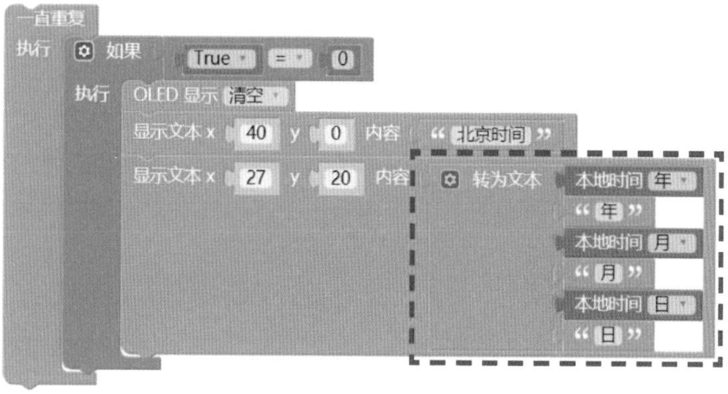

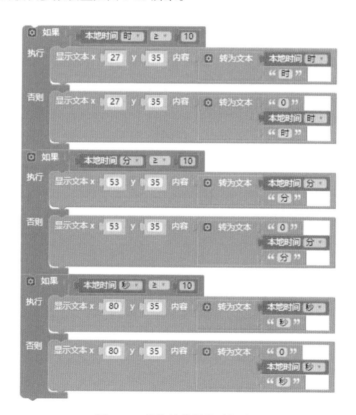

图 5-20　模块设置时间显示

当获取的时间"时"是两位数（10~24）时，直接读取；当获取的时间"时"是个位数（0~9）时，要在前面加 0。例如 01、02、03……"分"和"秒"的设置也是如此。具体的模块参数设置如图 5-21 所示。

图 5-21　模块具体操作时间设置

以上内容操作完成后，就可以编程设计一款互联网时钟了。可以参考图 5-22 所示程序完成自己的设计。

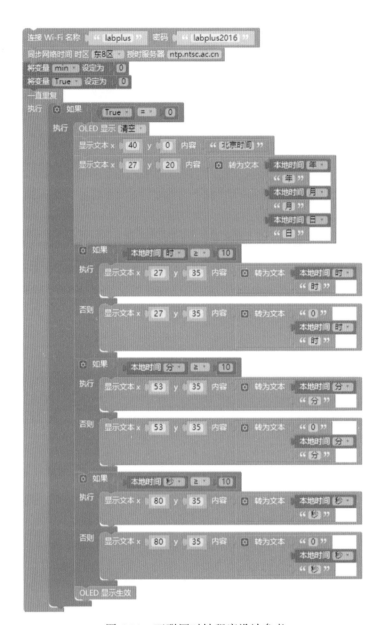

图 5-22　互联网时钟程序设计参考

CHAPTER 6
第6章

"能学习"的机器

通过前面内容的学习，我们了解到机器能够像人一样"能听会看，可以行动"，那么机器能否像人类一样学习和思考呢？本章内容主要介绍机器是如何通过学习实现"思考"的。

随着计算机算力的发展以及大数据的积累，基于机器学习尤其是深度学习算法的人工智能应用在日常生活中已经非常常见。例如，用于支付、安全防护等领域的计算机视觉、语音识别、机器翻译等，都依靠机器学习算法尤其是深度学习算法的发展，且其准确率已经得到了极大提升并开始投入商用。下面我们将学习从数据中预测、从数据中学习、分类算法以及卷积神经网络，帮助大家了解机器是如何进行"学习""思考"并做出预测的。

知识结构

本章知识结构如图 6-1 所示。

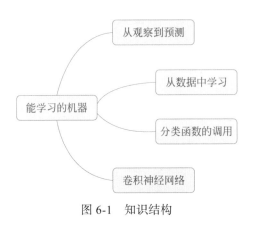

图 6-1　知识结构

6.1　从观察到预测

让机器"学习、思考"，听上去很神奇，然而这并不是科幻电影中才有的桥段。近年来出现在我们身边的人工智能应用，包括人脸识别、语音识别、自动推荐等，这些都离不开机器学习算法，机器学习算法为机器带来了预测判断的能力。

钻石是世界上最贵重的宝石之一，以坚硬、恒久著称，钻石经历漫长的时代变迁，依然璀璨夺目。那么钻石的价值究竟应该如何衡量呢？钻石的价值受到很多因素的影响，如质量、色泽、净度、切割形状等。钻石专家通过钻石的大小、色泽等因素即可判断出钻石的大致价格。这是因为钻石专家有多年工作经验的积累，见过无数种类的钻石，也知道钻石对应的价值，钻石专家根据这些数据总结出钻石的定价规律以及影响钻石价格的各种因素。这个过程是从大量的实践中不断归纳、总结、学习的过程，也是一个经验积累的过程。随着人工智能的发展，目前机器也可以模拟这样的过程，从而让机器具备学习的能力。

本节我们将利用所学的知识设计一个人工智能程序，让它像钻石专家一样可以根据钻石的交易数据进行学习并总结出价格的规律。

6.1.1 机器学习

机器学习就是让机器模拟人的学习行为，从观察或实践中获得判断、预测或推理能力的过程。机器学习分为监督学习、无监督学习、半监督学习和强化学习4种类型。

（1）监督学习即让机器学习有标签特征的数字化信息，然后进行智能分类、识别等。它需要用户对数据进行标注，如进行植物识别时提供的数据要求用户对一批植物先标注类别，机器学习后可以对同类的植物加以识别。

（2）无监督学习用于难以提供标签标注的场景，例如音乐或购物领域，机器对无标签的数据进行学习并归纳特征、找寻规律，据此实现音乐或购物推荐。

（3）半监督学习介于监督学习和无监督学习之间，因为对所有数据标注成本较高，所以先对部分数据进行标注让机器学习，利用标注数据中获得的规律，对未标注数据进行预测。例如医院看 CT 片的 AI 系统多采用半监督学习。

（4）强化学习中的数据没有标签，让机器按照一系列奖惩规则大量尝试任务，求得一个较好的完成策略。例如训练阿尔法狗下围棋即采用强化学习的方法。

6.1.2 从预测说起

预测是人工智能的一种重要表现形式。以钻石专家依据钻石的各类属性判断钻石价格为例，根据观测到的钻石的各类属性推测钻石价值数值的过程称为预测，也可以称为推断。在日常生活中，人类每天都会做出各种预测或推断，例如早晨根据环境信息预测当天的天气；根据天气预测通勤的道路是否拥挤；根据窗外的声音预测风力；通过身高、体形和性别预测体重等。

思考和讨论

（1）在日常生活中，你都做出过什么预测呢？

（2）在这些预测里，你使用了事物的哪些属性？又是如何根据这些属性推测出结论的？

6.1.3　数字化：建立机器与现实世界的连接

人类在日常生活中的预测无处不见，然而目前机器并不拥有人类的智能，很多日常生活中的概念机器不能理解，如表情、天气、风声等。众所周知，机器的世界里只有数字，因此要让机器进行预测，首先需要建立现实世界与机器世界之间的连接——使用数字表达现实世界中事物的属性。将现实世界转化为机器能够理解的数据称为数字化。

对于不同的属性，数字化的方式是不一样的。一颗钻石有多个不同的属性，包括质量、净度、切割形状等，这些不同属性数字化的方式是不同的。例如，质量的数值可以通过天平测量获得（在钻石行业使用"克拉"为单位标识质量）；净度根据钻石内含物的量分为若干等级，最优等级称为无瑕级，最低等级称为内含级，不同的等级可以使用不同的数字表示，如表 6-1 所示。

表 6-1　钻石等级的数字化表示

等　级	描　述	数字表示
无暇级（FL）	钻石没有任何内含物和表面特征	0
内无暇级（IF）	钻石无可见内含物	1
极轻微内含级（VVS）	钻石内部有难以发现的极微小内含物	2
轻微内含级（VS）	钻石内部可以看到微小的内含物	3
微内含级（SI）	钻石内部有可见的内含物	4
内含级（I）	钻石的内含物明显可见，影响透明与光泽	5

数字化之后就可以使用数字表达现实中的事物。例如，一颗 0.5 克拉、净度为轻微内含级的钻石就可以表示为（0.5，3）。通常称这样一组按照特定顺序排列的数据为向量，其中数据的个数称为向量的维数。例如上面的向量（0.5，3），它的维数是 2，这样的向量称为二维向量。

6.1.4 预测函数：从观察到结论的映射

人类在进行判断和预测时要经过一个复杂的心理过程，这样的过程很难在只懂得数字的机器中直接显示出来。通过数字化的过程，机器就可以对需要进行预测的事物建立数字表达。现代人工智能把预测简化为一个数学函数，使之可以在机器上通过算法实现，这个函数通常被称为预测函数。

简单地说，函数是一种对应法则，对于一定范围内的每一组输入数值，通过函数都会对应一个唯一的输出值。很多函数都可以通过函数式、列表和图像表达。在初中数学中涉及很多初等函数，例如正比例函数、反比例函数、一次函数与二次函数。如图 6-2 所示展示了一些函数的例子，图 6-2（a）给定一个输入 x，经过函数后会产生一个对应的输出 y；图 6-2（b）和图 6-2（c）分别为一次函数和二次函数的图像表达。

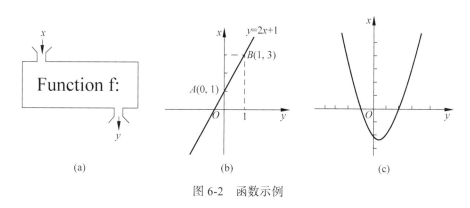

图 6-2 函数示例

那么应该使用什么样的函数进行预测呢？这个问题没有固定的答案。预测函数通常是因题而异的，但是有一个通用的标准来判断一个函数是否合适，那就是函数的预测结果是否符合实际情况。一个好的预测函数，其预测结果应该是和实际情况相吻合的。

对钻石而言，在相同的净度和切割形状的条件下，钻石的价格主要取决它的质量和种类。表 6-2 展示了 16 颗不同种类钻石的质量与价格。

表 6-2 不同种类钻石的质量与价格

质量/克拉	3	3	2	2	1	3	3	2	1	3	3	2	1	1	2	4
价格/万元	30	20	16	20	7	18	21	8	5	25	24	6	1	4	10	50

根据表中的数据可以明显地看出钻石的质量越大，价格越高。分析数据发现归纳出一个表达式来表达质量与价格两者之间的准确关系并不容易，为了解决这个问题引

入一个有力的工具——图像。相比于列表，图像往往能更加直观地展示数据之间的关系，从而更有效地建立函数关系并确定预测函数。以横轴 x 表示质量，纵轴 y 表示价格，如图 6-3 所示，每颗钻石可以用图上的坐标点表示，坐标为（质量，价格）。这样的图像称为散点图，图中每个"+"代表一颗钻石，绿线是通过这些钻石数据建立的预测函数，用于表示钻石质量与价格之间的关系。

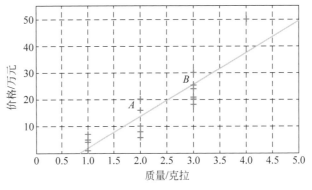

图 6-3　散点图

图中，A 点代表的钻石横坐标为 2，表示该钻石的质量为 2 克拉；纵坐标为 20，代表其价格为 20 万元，坐标记为（2，20）。在这个散点图中，质量与价格的关系得到了明显的呈现。它们之间是一种条状关系，因此可以把预测函数设定为一次函数，即 $y=ax+b$（$a \neq 0$）。其中，x 和 y 分别代表输入的质量与输出的价格。函数中的斜率 a 和截距 b 是定义预测函数时需要确定的数值，称为参数。

仔细观察图像会发现，钻石的数据并不都是预测函数通过的点，而是均匀地分布在预测函数的两边。现实中，对于二维向量的预测函数，通常选择确定一条线直接描绘两者之间的关系，使得数据点尽可能地分布在直线的两侧。根据计算得到的斜率和截距就能确定预测函数。

6.1.5　任务实践

了解了根据钻石质量确定钻石价格的预测函数过程之后，就可以运用类似的规律让机器根据数据进行其他问题的预测。

牧羊犬在出生的第一年中，体型会发生明显的变化，其体重会随着身高的增长而增长，如表 6-3 所示。

任务介绍 1

表 6-3 牧羊犬出生第一年体重、身高数据集

年 龄	体重 /kg	身高 /cm	年 龄	体重 /kg	身高 /cm
46 天	4	—	6 个月	16	48
64 天	6	27	7 个月	18.5	49
3 个月	7.5	29	8 个月	19.4	50
3 个半月	9	34	9 个月	18.4	52
4 个月	10.7	40	10 个月	19.7	52
4 个半月	12.8	42	11 个月	21.8	52
5 个月 22 天	15.1	47	12 个月	21.7	54

对表 6-3 中的数据进行观察，大致可以发现牧羊犬的体重和身高之间存在线性关系。确定这个线性关系后，即可利用这个线性关系根据牧羊犬的身高对其体重进行预测。

将身高和体重数据录入为数据集存放到 SenseStudy 平台中，其中，train_x 表示身高数据，称为自变量或已知量；train_y 表示体重数据，称为因变量或要预测的量。

```
train_x=[27,29,34,40,42,47,48,49,50,52,52,52,54]
train_y=[6,7.5,9,10.7,12.8,15.1,16,18.5,19.4,18.4,19.7,21.8,21.7]
```

平台提供了 linear_regressor() 类，通过调用这个类，可以定义一个线性回归模型。

例如 model=linear_regressor()，建立线性回归模型 model。

定义好模型之后，根据数据对模型进行训练。训练模型可以使用模型类中自带的 train() 函数，并且传入模型所需的两种训练数据，train_x 和 trian_y，训练后的结果如图 6-4 所示。

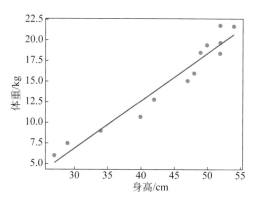

图 6-4 回归训练结果图

模型训练完毕后，可以使用模型对其他牧羊犬进行预测，SenseStudy 定义了一个预测函数 predict()，通过使用身高的数据，可以得到模型预测的体重值。例如，调用

模型对身高为 40 的牧羊犬进行体重预测，预测后的结果如图 6-5 所示。

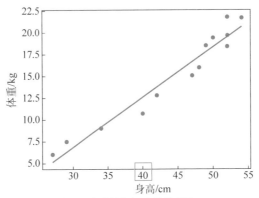

身高为40cm的牧羊犬，根据预测，它的体重为12.646940639269406kg

图 6-5　对身高为 40cm 的牧羊犬进行体重预测结果图

拓展阅读

　　线性模型的训练过程就是试图寻找到一条线，每个数据点到这条线的平均距离最短。如果 x 和 y 之间的关系是近似线性的，则可以得到一条合理的直线。然而有时，在获取数据的时候，因为人为失误或者罕见特例，会出现某一个训练数据偏离正常范围的情况，这些数据点被称为"异常值"。例如，如果数据记录人员不小心把 5 个月大的牧羊犬的体重误记为 30kg，这时如果使用包含该数据的数据集来训练模型，得到的拟合曲线将会受到很大影响。由于在实际应用中，异常点往往会降低模型的效果，所以建立预测模型前需要设计方法去除看起来异常的点，或者运用算法自动寻找异常点并且清除。图 6-6 展示了 5 个月大的牧羊犬的体重误记为 30kg 这个数据点没有被清除，根据这样的数据训练出的模型与正常数据训练出的模型进行对比。观察并讨论异常数据对模型的拟合结果会产生怎样的影响。

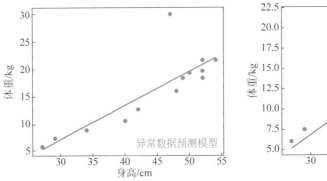
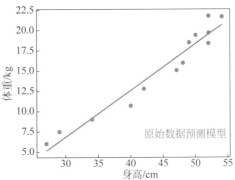

图 6-6　异常点数据与正常数据训练结果对比

6.2 从数据中学习

在钻石价格预测的问题中，通过对钻石相关数据的积累，让机器能够根据数据进行学习，并发现数据中潜在的规律，从而实现了对钻石价值的预测。这个过程中通过对数据的学习发现数据点在坐标系中呈线性分布，可以使用一次函数 $y=ax+b$ 进行描述，通过钻石质量与价值数据能够计算确定一次函数的参数：斜率 a 和截距 b。这就是数据的魅力，从数据中进行学习的算法称为机器学习。

在 6.1 节中，使用画图的方法或者几何计算的方法确定一次函数的参数，即斜率 a 和截距 b。通过观察可以发现，使用画图的方法确定函数的参数在实际中存在许多困难。本节将学习一种新的可以自动确定参数的方法，这种方法属于监督学习。

6.2.1 监督学习

监督学习是机器学习中一类非常重要的方法，在人工智能的实际应用中得到了广泛的运用。生活中见到的很多人工智能系统，例如人脸识别、语音识别、自动翻译、邮件过滤等，其背后的预测模型主要是通过监督学习获得的。

机器学习的基本做法是从给定的数据中，通过一定的算法，自动寻找最优的参数设定，这样的过程通常称为训练。具体包含以下三个重要方面。

（1）训练数据：数据是训练的基础。在一般的监督学习中，训练数据包括多组含有输入值和输出值的监督样本，这些样本组成的集合通常被称为训练集。在钻石价格预测的例子中，每一个监督样本都会包含钻石的质量和价格。表 6-2 所示的就是训练集中的部分样本。

在实际训练中，准备训练数据通常是整个监督学习过程中时间最长、代价最大的环节。例如，图像识别的训练集不仅要包含很多图像，而且还要包含每幅图像的类别信息（如这是一只猫或是一朵花）。虽然可以便捷地从互联网中获得大量图片，但是要给每幅图片标上类别是需要很多人力和时间的。

（2）训练目标：人类上课学习总是朝着一定的目标努力的，例如在期末考试中考高分。机器学习也是一样，需要向一个目标靠近。对于预测函数的评价主要是看预测值和实际值的误差。在监督学习中，学习的目标可以设定为让训练样本上的平均误差降到最低。

思考和讨论

① 为什么监督学习的目标是降低训练样本上的预测误差，而不是其他样本？

② 专注于降低训练样本的误差可能会出现什么问题？

（3）训练算法：采用训练数据，经过大量试验与修正降低预测误差，达到训练目标的过程，构成了训练算法。优化训练算法一直是人工智能领域最活跃的课题，科学家们孜孜以求，不断努力提高训练算法的性能。

6.2.2 试验与修正：一种简单的学习策略

学习是一个不断提高自己的过程。在学习过程中经常运用一种有效的策略——试验与修正。例如，做数学题时不看答案，根据自己的理解和解题思路得出结果，然后对照标准答案，如果结果不对，会思考哪里出了问题，然后有针对性地做出修正。类似的，这也是机器学习中常见的策略。

那么，这种策略在计算机中是如何实现的呢？

在图 6-7 中，符号"+"代表数据的分布，绿线代表根据数据得到的预测函数，输出 y 和输入 x 呈线性关系，并且经过坐标原点，截距为 0。因此可以设定预测函数的形式为 $y = ax$（$a \neq 0$）。预测函数有一个参数 a，希望通过监督学习寻求一个最优的 a 值。寻找最优参数 a 可以通过一个基于试验与修正策略的算法，例如一次函数的试验与修正算法。

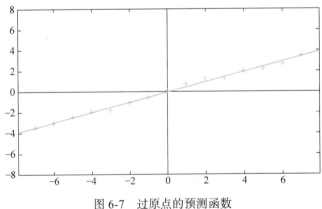

图 6-7 过原点的预测函数

给定一个训练集：$(x_1, y_1), (x_2, y_2), \cdots, (x_n, y_n)$。

每次选取一个点 (x_i, y_i)，进行以下的操作：

（1）（试验）计算预测误差 $e_i = y_i - ax_i$；

（2）（修正）对参数 a 进行修正 $a \leftarrow a + \lambda e_i x_i$。

在这里，λ 是一个很小的系数，用于修正 a 的大小，通常称为步长系数。将上述操作重复进行，直至到达重复次数的上限或者平均误差降到预定水平。

这种不断在不同数据点上重复类似操作来更新参数的算法，称为迭代算法。迭代算法的目的就是不断进行试验与修正，通过对数据的学习得到一次函数中的参数。

例：训练集 xs 和 ys 分别为 [0，2，4，6] 和 [0，4，8，12]，求 $y = ax$（$a \neq 0$）中的参数 a。

```
import random
xs=[0,2,4,6]
ys=[0,4,8,12]
a=0                                    #设置参数 a 的初始值为 0
learn_speed=0.01                       #设置训练步长，常用值为 0.01
for i in range(100):                   #开始循环进行 100 次训练
    i=random.randint(0,len(xs)-1)      #随机取 xs 范围内的一个值
    e=ys[i]-a*xs[i]                    #计算误差
    a=a+learn_speed*e*xs[i]           #依据误差进行修正
print(a)
```

在这个例子中，使用迭代算法迭代 100 次得到参数 a 的值。可以发现，如果当 a 的值为 2 时，事实上所有的误差 e 都等于 0，即当 a 趋近于 2 时，a 的值不再改变。

6.2.3 任务实践

参数的修正可以通过迭代算法进行优化，下面针对实际情况进行实践。

实验任务：使用弹簧测力计的数据集学习线性回归模型的训练算法。

根据物理知识可知，弹簧所受到的拉力与其形变的长度成正比，该定律被称为胡克定律，其公式表达为 $y = kx$，公式中只有一个参数 k。根据公式可知，弹簧所受到的拉力与形变长度之间存在线性关系。

第一步：导入弹簧测力计的数据集并进行可视化，通过散点图函数 scatter()，观察弹簧测力计数据集的分布，判断是否大致符合线性关系，程序如下。

任务介绍2

```
train_x,train_y=load_string_dataset()
fig()+scatter(train_x,train_y)
```

可视化结果如图 6-8 所示。

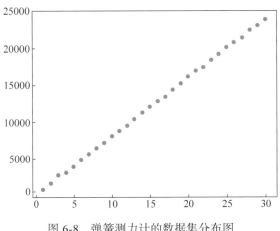

图 6-8   弹簧测力计的数据集分布图

第二步：结合数据集，实现线性回归模型的训练算法。设置学习率 learning_rate 为 0.02，模型参数 k 的初始值为 0.1，迭代次数为 60 次。每次迭代时，依次从 train_x 中获取 x 的相关数据。

第三步：将学习训练得到的参数与默认方法训练得到的参数进行对比，检验训练算法的效果。两种训练方法得到的参数值对比如图 6-9 所示。根据结果可以发现，训练得到的 k 值都在 800 左右，非常接近。

自定义方法训练出的参数798.0612641772884

默认方法训练出的参数[800.7894342654768]

图 6-9   两种训练方法得到的参数值对比图

第四步：画出误差曲线。理想情况下，训练算法中每一次迭代都会更新模型，让参数更加接近真实数值，同时也会让误差 mse 越来越小。为了更清楚地看到误差的变化，在每次迭代时，都计算误差 mse，并画出误差相对迭代次数变化的曲线。其中，误差 mse 可以使用 compute_mse_error（x，y，k）得到，曲线可以使用 fig() + line（error_list）画出来。如图 6-10 所示，根据显示结果可以发现，随着迭代次数的增加，模型的误差越来越小，符合预期。

第五步：检验数据对训练结果的影响。在第四步中，得到的误差变化是一个近乎完美的曲线，这是因为学习率和迭代次数选取得当。

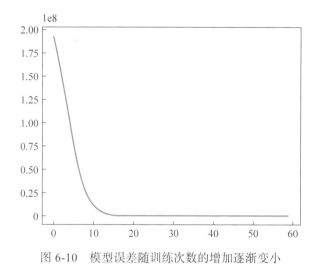

图 6-10 模型误差随训练次数的增加逐渐变小

下面尝试调整学习率大小，研究学习率的变化对训练过程的影响。

（1）将学习率调到 0.12，观察得到的 k 值和误差曲线，具体情况如图 6-11（a）所示。

（2）将学习率调到 0.002，观察得到的 k 值和误差曲线，具体情况如图 6-11（b）所示。

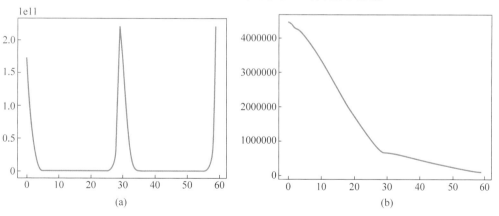

图 6-11 学习率为 0.12 与学习率为 0.002 时 k 值和误差曲线对比图

根据结果可以发现，学习率过大时每个步骤中 k 值变化很大，模型非常不稳定，得到的 k 值在真实 k 值的左右强烈波动，很难达到最终的平衡；而学习率过小时，训练的速度会变慢，模型可能没有得到充分训练。

下面尝试调整迭代次数的大小，研究迭代次数的变化对训练过程的影响。

（1）将迭代次数调到 10，观察得到的 k 值和误差曲线，具体情况如图 6-12（a）
所示。

（2）将迭代次数调到 1000，观察得到的 k 值和误差曲线，具体情况如图 6-12（b）
所示。

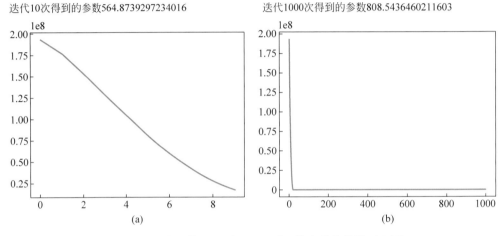

图 6-12　迭代次数为 10 与 1000 时 k 值和误差曲线对比图

根据对比分析可以发现，选择合适的迭代次数和学习率对于模型的训练非常
重要。

6.3　分类函数的调用

当看到一张图片时，人类能够辨别出图片上是什么动物，如是猫还是狗；听到一
首歌曲时，人类能够区分音乐的类型，如是古典还是流行；看到一段视频时，人类知
道视频里的演员是在跳舞还是在长跑。在生活中经常会对一个事物的类型进行判断，
这样的过程在人工智能领域里称为分类。

人工智能系统处理的是各种数据：图像、声音、文字、视频等。数据是信息的载
体。分类（Classification）就是根据所给数据的不同特点，判断它属于哪个类别。

鸢尾花的花瓣鲜艳美丽，叶片青翠碧绿，让人赏心悦目。全世界大约有 300 个品
种，常见的有变色鸢尾和山鸢尾两种，如图 6-13 所示。它们有着形状与颜色相似的花
瓣和萼片，不同的是变色鸢尾有较大的花瓣，而山鸢尾的花瓣较小。本节将通过对鸢
尾花进行分类来系统学习分类问题中的基本概念和流程。

变色鸢尾

山鸢尾

图 6-13 鸢尾花图

本节将要构建一个简单的人工智能系统,使它能够像人类一样区分变色鸢尾和山鸢尾。像这样可以完成分类任务的人工智能系统称为分类器,图 6-14 展示了训练得到这类系统的流程。每当得到一朵鸢尾花时,首先提取它的特征,然后将这些特征输入到训练好的分类器中,分类器就能够根据这些特征做出预测,输出鸢尾花的品种。接下来开始逐步构建这个系统。

图 6-14 区分鸢尾花品种的人工智能系统

6.3.1 提取特征

人类往往根据物体独有的某些特点来区分它们,例如根据鸢尾花花瓣的大小辨别不同的鸢尾花品种。像这种可以对事物某些方面的特点进行刻画的数字或者属性称为特征。

对于鸢尾花来说,在经过大量尝试之后,发现用花瓣的长度和宽度作为鸢尾花的特征,可以对鸢尾花进行分类。根据不同的特征数据可以训练得到一个分类器,从而实现鸢尾花的有效分类。鸢尾花的特征数据可以通过尺子直接测量,使用花瓣的长度和宽度作为特征也符合人们的认知习惯,人类通常根据鸢尾花花瓣大小来区分种类。

特征是在分类器乃至于所有人工智能系统中非常重要的概念。对同样的事物,可以提取出各种各样的特征。对于鸢尾花来说,植株的高度或者花瓣颜色是花朵的特征。但是经过研究发现鸢尾花的植株高度和品种没有直接关系,一朵鸢尾花在生命的不同阶段也有着不同的高度；不同的鸢尾花品种又都有着颜色相近的花瓣，所以用鸢尾花的植株高度和花瓣颜色很难有效区分鸢尾花的品种。显而易见，不同的特征对于分类器能否准确分类有很大影响。因此，常常需要根据物体和数据本身具有的特点，考虑不同类别之间的差异，并在此基础上设计出有效的特征。这不是一件简单的事，它往往需要真正理解事物的特点和不同类型之间的差异。特征的质量很大程度上决定了分类器最终分类效果的好坏。

6.3.2 特征向量与特征空间

通过实际的测量，可以得到鸢尾花的特征数据，即花瓣的长度和宽度。在数学上可以使用 x_1 表示花瓣的长度，用 x_2 表示花瓣的宽度。为了计算方便，可以将两个数据进行组合，把这两个数字一起放进括号中，写成（x_1, x_2）。这种形式的一组数据在数学中被称为向量。

有了向量这个数学工具后，就可以把描述一个事物的特征数值都组织在一起，形成一个特征向量，对它进行更完备的刻画。一般地，一个 n 维的特征向量可以被表示为 $x = (x_1, x_2, \cdots, x_n)$。例如测量得到一朵鸢尾花的花瓣长度为 1.1cm，宽度为 0.1cm，那么这朵鸢尾花的特征就可以用（1.1, 0.1）表示。

有了特征向量表示后，就可以进一步把特征向量表示在直角坐标系中。例如（1.1, 0.1）是平面直角坐标系中的一个点。如图 6-15 所示，把鸢尾花的特征向量画在坐标系中，坐标系中的一个点就代表了一朵鸢尾花的特征。这些表示特征向量的点被称为特征点，所有这些特征点构成的空间被称为特征空间。

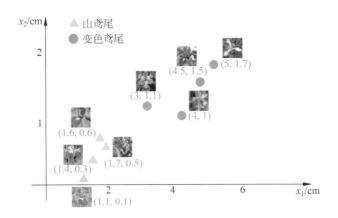

图 6-15　特征向量在直角坐标系中的表示

6.3.3 分类器

分类器就是一个由特征向量到预测类别的函数。在鸢尾花的分类问题中，用字母 y 表示花朵的类别，y 的取值为 +1 和 –1，分别代表变色鸢尾和山鸢尾两个类别。将提取的鸢尾花特征表示为特征向量，并把特征向量画在特征空间中，如图 6-16 所示，对鸢尾花品种分类的问题就转变成在特征空间中将一些特征点分开的问题。如果选用直线作为分界线，那么这个问题就变成坐标平面中有两类点，画一条直线将这两类点分开。

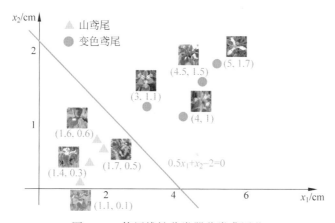

图 6-16 使用线性分类器分类鸢尾花

在图 6-16 中可以轻松地画出一条直线 $0.5x_1 + x_2 - 2 = 0$，将整个坐标平面分为两个区域。若使落在直线右上区域的特征点输出 +1，代表变色鸢尾；落在直线左下区域的特征点输出 –1，代表山鸢尾。应用这样的规则，就能够得到将鸢尾花正确分类的分类器。

在区分鸢尾花品种的简单例子中，可以直接画出一条直线将两类点分开。实际情况中，特征点在特征空间中的位置分布非常复杂，采用观察和尝试画出分类直线往往是不可能的，也是没有效率的。因此，需要通过一些方法，让分类器自己学习得到分类直线。通常机器自己学习得到分类直线的过程称为训练分类器。

我们可以把人工智能系统和人类做类比，如图 6-17 所示。人类需要在学校学习知识；为了检验学习效果，要参加考试；学到知识、掌握技能后，就会在工作中解决实际问题。人工智能系统也类似，它的学习过程被称为

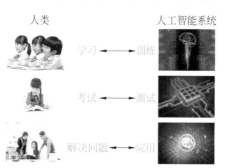

图 6-17 人类与人工智能系统的类比

训练；考试过程被为测试；解决实际问题的过程被称为应用。

让分类器学习得到合适参数的过程称为分类器的训练。在本节中，训练分类器就是找到一条好的分类直线，确定这条直线的斜率与截距。

6.3.4　感知器

感知器是一种训练线性分类器的算法，它主要是利用被误分类的训练数据调整现有分类器的参数，使调整后的分类器判断得更加准确。如图 6-18 所示，图中通过简单的示意说明了不断学习新数据修正分类器参数的过程。最开始分类直线分错了两个样本，分类的直线便向该误分类样本一侧移动。第一次调整以后，一个误分类样本的预测被纠正，但仍有一个样本被误分类，这个仍被误分类的样本到分类直线的距离相比调整之前减小了。接下去，直线继续向着这个仍被误分类的样本一侧移动，直到分类直线越过该误分类样本。这样，所有训练数据都被正确分类了。

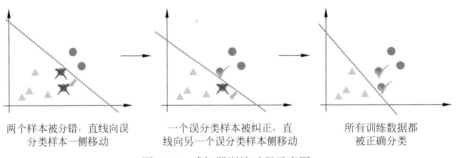

两个样本被分错，直线向误　　　一个误分类样本被纠正，直　　　所有训练数据都
分类样本一侧移动　　　　　　　线向另一个误分类样本侧移动　　　被正确分类

图 6-18　感知器训练过程示意图

感知器学习算法如下。

第一步：选取初始分类器参数 a_1，a_2，b。

第二步：在训练集中选取一个训练数据，如果这个训练数据被误分类，即 $y*(a_1x_1+a_2x_{2+}+b) \leqslant 0$，则按照以下规则更新参数（将箭头右侧更新后的值赋给左侧的参数）。

$$a_1 \leftarrow a_1 + \eta yx_1$$
$$a_2 \leftarrow a_2 + \eta yx_2$$
$$b \leftarrow b + \eta y$$

第三步：回到第二步，直到训练数据中没有误分类数据为止。

其中，η 为学习率，学习率是指每次更新参数的程度大小。

6.3.5 任务实践

本实验主要介绍如何获取数据和训练分类器，将使用鸢尾花数据集作为数据集，使用线性二分类器作为分类器。在这个实验中，将学习如何加载鸢尾花数据，如何使用感知器（perceptron）算法训练分类器，并且通过调节训练参数观察分类器训练。具体过程如图 6-19 所示。

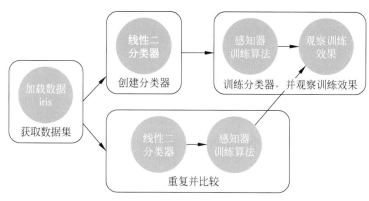

任务介绍 3

图 6-19　分类器训练的过程

第一步：加载数据集。分类任务首先需要数据。计算机并不知道一株鸢尾花的花瓣长度、宽度以及该鸢尾花的类别，所以需要人为收集和标注这些信息，并把这些信息输入计算机。表 6-4 是部分鸢尾花的数据。

表 6-4　部分鸢尾花数据

植株编号	花瓣长度 /cm	花瓣宽度 /cm	类　别
1	1.6	0.6	山鸢尾
2	1.4	0.3	山鸢尾
3	5.0	1.7	变色鸢尾

在本实验中，SenseStudy 平台已经准备了一个标注好的鸢尾花数据集，我们只需要将其加载到实验环境中即可进行试验。SenseStudy 平台实验工具包中提供了用于加载各种平台预先准备好的数据集的函数，该函数的使用方法如下：

数据集 =data.get('数据集名')

SenseStudy 平台鸢尾花数据集名为 iris-simple，是著名的安德森鸢尾花卉数据集的裁剪版本，仅包含山鸢尾和变色鸢尾两个物种以及花瓣长、宽这两个特征。

```
iris=data.get('iris-simple')
```

运行成功后，iris 就会出现在代码上方的变量区，这代表已成功将数据集加载到实验环境中了。

第二步：展示数据集。为了对数据有更直观的认识，通常会以图形的方式将数据展示出来，这个过程称为数据的可视化。可视化的方式很多，如散点图、直方图等。SenseStudy平台实验工具包中提供 fig() 函数和 plot() 函数，可以根据不同的数据类型，选择最佳的可视化操作。这两个函数需要组合使用，最基本的使用方式如下：

```
fig()+plot(数据)
```

其中，fig() 用于创建一个空白画板，plot（数据）对数据进行可视化，"+"符号表示将图形绘制到刚创建的画板上。

```
fig()+plot(iris)
```

编写上面的代码能够将鸢尾花的数据绘制出来，如图 6-20 所示。散点图的横轴代表花瓣长度，纵轴代表花瓣宽度。图中的每一个点对应数据集中的一个样本，不同类型的鸢尾花以不同的颜色标出。借助散点图可以清楚地看到两种鸢尾花在花瓣尺寸上的区别。

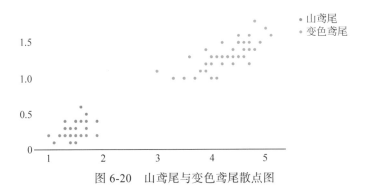

图 6-20　山鸢尾与变色鸢尾散点图

第三步：创建分类器。有了训练集，就可以开始训练鸢尾花分类器了。在大多数实验工具包中，训练分类器需要以下两个步骤。

（1）创建一个分类器。

（2）训练这个分类器。

在第一个步骤中，需要指定使用何种类型的分类器。针对鸢尾花分类这个任务，使用最基本的线性二分类器即可。线性二分类器对应平面上的一条直线，将直线两侧的样本点分为两类。SenseStudy 平台实验工具包中提供了 binary_linear_classifier 函数用于创建一个线性二分类器，该函数的使用方法如下：

```
分类器 =binary_linear_classifier()
```

创建一个线性二分类器，如 blc=binary_linear_classifier()。指令运行成功后，变量区域出现了一个新的变量 blc，类型为线性二分类器。

第四步：训练分类器。创建分类器之后需要使用鸢尾花数据集训练分类器，使之从数据中学习分类规则。训练分类器可以通过调用分类器的 train 函数完成，具体使用方法如下：

```
分类器 .train( 训练集 ,alg= 训练算法 )
```

将训练集和训练算法作为参数传入 train 函数。训练集即为鸢尾花数据集，而训练算法使用感知器算法，需要在这一步中构造。感知器算法会根据分类错误的样本调整分类器的参数，直到所有样本分类正确。

感知器算法参数的基本构造方式：Perceptron()。下面尝试构建感知器算法参数，并同训练数据集一并传入 train 函数，开始训练分类器。

```
blc.train (iris, alg=Perceptron())
```

在训练过程中，可以观察到一条直线在反复移动，这条直线就是线性分类器的分界面。直线运动的过程就是感知器算法调整分类器参数的过程，当所有样本都分类正确时，训练结束。此时，分类器可以将两种鸢尾花的样本点分开，如图 6-21 所示。感知器算法会随机选取初始参数，即最开始分界面的位置每次都不一样，因此每次训练的过程和结果都会有所差别，但是最后得出的直线总能将两类特征点分开。

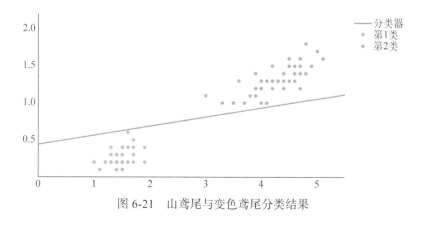

图 6-21 山鸢尾与变色鸢尾分类结果

6.4   卷积神经网络

通过 6.3 节的学习和实践，我们了解了传统分类算法的流程，除了感知器算法以外，还有大量其他机器学习算法，例如支持向量机分类算法等，然而这些分类算法的正确率或者适用性并不能令人满意。事实上，这也是传统计算机视觉领域面临的一个问题：利用人工设计的图像特征，图像分类的准确率已经达到"瓶颈"。ImageNet 挑战赛是计算机视觉领域的世界级竞赛，比赛的任务之一就是让计算机自动完成对 1000 类图片的分类。在 2010 年首届 ImageNet 挑战赛上，冠军团队使用两种手工设计的特征并配合分类算法，取得了 28.2% 的分类错误率。在 2011 年的比赛中，得益于更好的特征设计，第一名的分类错误率降低到了 25.7%。然而对于人类而言，这样的"人工智能系统"还远远称不上"智能"。如果将竞赛用的数据集交给人类进行学习和识别，人类的分类错误率只有 5.1%，低于当时最先进的分类系统约 20%。特征设计的困难也极大地减缓了计算机视觉的发展。然而 2012 年的 ImageNet 挑战赛给人们带来了惊喜，来自多伦多大学的参赛团队首次使用深度神经网络，将图片分类的错误率降低了 10%，正确率达到 84.7%。自此以后，ImageNet 挑战赛就是深度神经网络比拼的舞台。仅三年后，来自微软研究院的团队提出一种新的神经网络结构，将错误率降低到了 4.9%，首次超过了人类的正确率。

深度神经网络之所以有这么强大的能力，是因为它可以自动从图像中学习有效的特征。在图像分类的任务中，手工设计的特征往往很难直接表达"有没有翅膀"或"有没有眼睛"这样高层次的抽象概念。然而深度神经网络出现之后，这一切便成为可能。在计算机视觉的各个领域，深度神经网络学习的特征也逐渐替代了手工设计的特征，人工智能变得更加"智能"。

6.4.1   深度神经网络的特点

深度神经网络的出现降低了人工智能系统的复杂度。如图 6-22 所示，在传统的模式分类系统中，特征提取与分类是两个独立的步骤，而深度神经网络将二者集成在了一起。只需要将一张图片输入给神经网络，就可以直接得出对图片类别的预测，不再需要分步完成特征提取与分类。从这个角度来讲，深度神经网络并不是对传统模式分类系统的颠覆，而是对传统系统的改进与增强。

图 6-22　深度神经网络与传统分类算法的区别

6.4.2　深度神经网络的结构

一个深度神经网络通常由多个顺序连接的层组成。第一层以图像作为输入，通过特定的运算从图像中提取特征。接下来的每一层以前一层提取出的特征为输入，对其进行特定形式的变换，得到更复杂的特征。这种层次化的特征提取过程可以累加，赋予神经网络强大的特征提取能力。经过很多层的变换之后，神经网络就可以将原始图像变换为高层次的抽象特征。

这种由简单到复杂、由低级到高级的抽象过程可以通过生活中的例子来体会。例如，在英语学习过程中，通过字母的组合，可以得到单词；通过单词的组合，可以得到句子；通过句子的分析，可以了解语义；通过语义的分析，可以获得表达的思想或目的。其中语义、思想等就是更高级别的抽象。

接下来，介绍一个具体的神经网络的例子，帮助大家对深度神经网络的结构有一个直观的感受。在这个网络中出现了卷积层、ReLU 非线性激活层、池化层、全连接层、softmax 归一化指数层等概念。

图 6-23 展示了获得 2012 年 ImageNet 挑战赛冠军的 AlexNet 神经网络。这个神经网络的主体部分由五个卷积层和三个全连接层组成。五个卷积层位于网络的最前端，依次对图像进行变换以提取特征。每个卷积层之后都有一个 ReLU 非线性激活层完成非线性变换。第一、第二、第五个卷积层之后连接有最大池化层，用以降低特征图的分辨率。经过五个卷积层以及相连的非线性激活层与池化层之后，特征图被转换为 4096 维的特征向量，再经过两次全连接层和 ReLU 层的变换之后，成为最终的特征向量。再经过一个全连接层和一个 softmax 归一化指数层之后，就得到了对图片所属类别的最终预测。

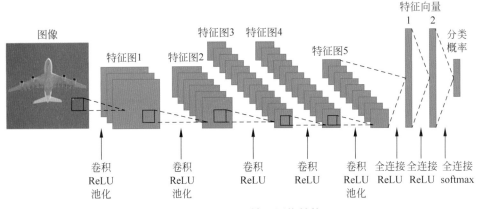

图 6-23　AlexNet 神经网络结构

6.4.3　卷积层

卷积层是深度神经网络在处理图像时十分常用的一种层。当一个深度神经网络以卷积层为主体时，称为卷积神经网络。

神经网络中的卷积层就是用卷积运算对原始图像或者上一层的特征进行变换的层。使用特定的卷积核可以对图像进行特定的变换，例如提取图像的边缘特征，有横向边缘或纵向边缘。在一个卷积层中，为了从图像中提取出多种形式的特征，通常使用多个卷积核对输入图像进行不同的卷积操作，如图 6-24 所示。

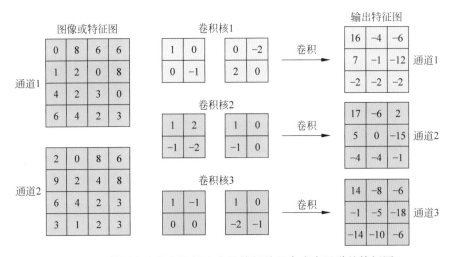

图 6-24　使用多个卷积核提取多种特征并组合成多通道的特征图

一个卷积核可以得到一个通道为 1 的三阶张量，多个卷积核就可以得到多个通道为 1 的三阶张量结果。把这些结果作为不同的通道组合起来，又可以得到一个新的三阶张量，这个三阶张量的通道数就等于我们使用的卷积核的个数。由于每一个通道都是从原图像中提取的一种特征，所以也将这个三阶张量称为特征图。这个特征图就是卷积层的最终输出。

特征图与彩色图像都是三阶张量，也都有若干个通道，因此卷积层不仅可以作用于图像，也可以作用于其他层输出的特征图。通常一个深度神经网络的第一个卷积层会以图像作为输入，而之后的卷积会以前面层输出的特征图作为输入。

6.4.4 全连接层、归一化指数层与非线性激活层

在图片分类任务中，输入图片在经过若干卷积层之后，将得到的特征图转换为特征向量。如果需要对这个特征向量进行变换，经常用到的便是全连接层。在全连接层中，会使用若干维数相同的向量与输入向量做内积操作，并将所有结果拼接成一个向量作为输出。具体来说，如果一个全连接层以向量 X 作为输入，会用总共 K 个维数相同的参数向量 W_k 与 X 做内积运算，再在每个结果上加上一个标量 b_k，即完成 $y_k = X \cdot W_k + b_k$ 的运算。最后，将 K 个标量结果 y_k，组成向量 Y 作为这一层的输出。

归一化指数层的作用就是完成多类线性分类器中归一化指数函数的计算。归一化指数层一般是分类网络的最后一层，它以一个长度和类别个数相等的特征向量作为输入（这个特征向量通常来自一个全连接层的输出），然后输出图像属于各个类别的概率。

通常需要在每个卷积层和全连接层后面都连接一个非线性激活层。不管是卷积运算还是全连接层中的运算，它们都是关于自变量的一次函数，即线性函数。线性函数有一个性质：若干线性计算的复合仍然是线性的。换句话说，如果只是将卷积层和全连接层直接堆叠起来，那么它们对输入图片产生的效果就可以被一个全连接层替代。这样一来，虽然堆叠了很多层，但每一层的变换效果实际上被合并到了一起。而如果在每次线性运算后，再进行一次非线性运算，那么每次变换的效果就可以得以保留。非线性激活层的形式有许多种，它们的基本形式是先选定某种非线性函数，然后再对输入特征图或特征向量的每一个元素应用这种非线性函数，得到输出。

6.4.5 池化层

在计算卷积时，会用卷积核滑过图像或特征图的每一个像素。如果图像或特征图的分辨率很大，那么卷积层的计算量就会很大。为了解决这个问题，通常在几个卷积

层之后插入池化层，以降低特征图的分辨率。

　　池化层的池化操作步骤如下。首先，将特征图按通道分开，得到若干个矩阵。将每个矩阵切割成若干个大小相等的正方形区块。如图 6-25 所示，将一个 4×4 的矩阵分割成 4 个正方形区块，每个区块的大小为 2×2。接下来，对每一个区块取最大值或平均值，并将结果组成一个新的矩阵。最后将所有通道的结果矩阵按原顺序堆叠起来形成一个三阶张量，这个三阶张量就是池化层的输出。对每一个区块取最大值的池化层，称为最大池化层；取平均值的池化层称为平均池化层。在图 6-25 中，经过池化后，特征图的长和宽都会减小到原来的 1/2，特征图中的元素数目减小到原来的 1/4。这样，在经过若干卷积层、池化层的组合之后，在不考虑通道数的情况下，特征图的分辨率就会远小于输入图的分辨率，大大减小了对计算量和参数数量的需求。

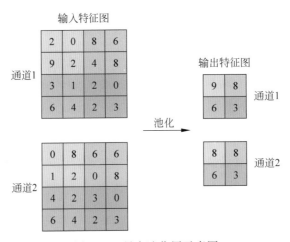

图 6-25　最大池化层示意图

6.4.6　人工神经网络

　　人工神经网络最初是受到生物神经网络的启发而提出的。生物神经网络由数以亿计的神经元相互连接而成。当思考或者对外界刺激做出反应时，神经元之间就会互相传递信息。人工神经元是生物神经元的一个数学模型。以人工神经元为基本单元可以构建卷积层、全连接层、非线性激活层等，进而构建人工神经网络。也正是因为这样的联系，特征图或特征向量中的每个元素也称为神经元，元素的值称为神经元的响应。

　　但是人工神经元只是生物神经元的一个数学模型，并不能精确描述生物神经元复杂的行为。在机器学习领域，人工神经网络的研究重点主要局限于特定的人工智能任务，在实际应用中，主流的人工神经网络和生物神经网络已没有直接的联系。

分类器需要经过训练才可以区分属于不同类别的特征向量，深度神经网络也需要经过训练才能学习出有效的图像特征，训练本质上就是寻找最佳参数的过程。在线性分类器中，参数包含所有线性函数的所有系数。在神经网络中，卷积层中所有卷积核的元素值以及全连接层中所有内积运算的系数都是参数，为了将鸢尾花的二维向量分成两类，只需要训练三个参数。在 AlexNet 中，需要学习的参数多达六千万个，其难度远高于线性分类器的训练。针对神经网络训练的同时，人工智能科学家提出了反向传播算法，如图 6-26 所示，它是训练神经网络最有效的手段之一。在实践中，每次将一幅训练图像输入网络中，经过逐层计算，最终得到预测的属于每一类的概率，将预测结果与正确答案进行对比，如果发现预测结果不够好，那么会从最后一层开始逐层调整神经网络的参数，使网络对这个训练样本能够做出更好的预测。我们将这种从后往前调整参数的方法称为反向传播算法。具体的调整算法涉及梯度计算的链式法则和随机梯度下降等更复杂的知识，这里不做详细介绍。

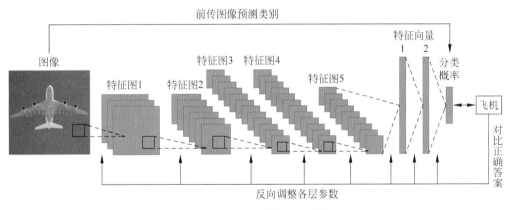

图 6-26 反向传播算法示意图

6.4.7 任务实践

任务内容：利用深度神经网络进行图片分类。

本任务将使用深度神经网络代替传统分类系统，在 CIFAR10 数据集上完成图片分类任务，将使用简单的 ResNet 神经网络完成任务。

第一步：加载数据集。加载数据集可以通过调用 data.get 函数完成。

```
cifar_train = data.get('cifar10-small', subset='train')
```

使用 SenseStudy 平台实验工具包中的 fig() + [plot, ..., plot] 函数观察数据集中的图片,该函数的使用方法如下。

fig(row, column):创建一个 row * column 的画板组合。

plot(数据集):在每个画板上绘制数据集样式,结果如图 6-27 所示。图中共十行图像,每一行图像代表一个类别,从上到下分别为飞机、汽车、鸟、猫、鹿、狗、青蛙、马、船、卡车。

任务介绍 4

图 6-27　CIFAR10 数据集图片

注意:SenseStudy 平台提供给大家的 CIFAR10 数据集是由加拿大高等研究院的人工智能科学家搜集编排而成。

第二步:构建神经网络模型。加载好数据后就可以使用 CNNClassifier 构建一个基于卷积神经网络的分类器。

CNNClassifier 函数的使用方法如下:

```
神经网络分类器 = CNNClassifier(in_shape=输入图片尺寸(高, 宽, 通道),
backbone= 神经网络结构(网络层数), num_classes= 类别数量)
```

例如,CIFAR10 数据集中图片的尺寸为(32, 32, 3),在实验中我们使用 ResNet 网络结构,层数为 10,有 10 个分类类别,将对应的信息填入参数即可。样例代码为

```
net = CNNClassifier(in_shape=(32, 32, 3), backbone=ResNet(10),
num_classes=10)
```

第三步：模型的训练。构建好模型之后就可以开始训练了。由于深度神经网络具有层数多且参数多的特点，所以训练一个网络的耗时较长。为了便于快速观察训练过程，SenseStudy 平台提供了 demo_train 函数用于演示实验过程。

该函数的使用方法如下：

```
神经网络分类器 .demo_train(dataset)
```

运行以下代码：

```
net.demo_train(cifar_train)
```

可以在平台上看到使用 SGD 优化后，模型的预测准确率随训练次数的增加而提升。最后得到的结果如图 6-28 所示。该结果表明模型经过 CNN 神经网络的训练后，在训练集上的准确率接近 80%。

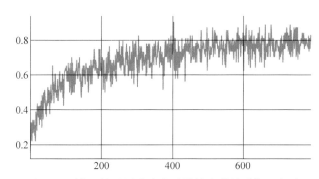

图 6-28　模型的预测准确率随训练次数的增加而提升

第四步：用训练好的神经网络分类器对测试子集中的图像进行预测，并将预测类别与真实类别做比较。

首先加载测试数据集并从测试子集中取出一幅图像，展示该图像并获取该图像的类别。

```
cifar_test = data.get('cifar10-small', subset='test')
img, label = cifar_test[100]
fig() + plot(img)
label_name = label_names[label]
```

接下来将图片输入给神经网络分类器进行预测，该函数的使用方法如下：

类别 = 神经网络分类器 .predict (图像)

最后输出真实类别与预测类别，并进行比较，验证预测的结果与真实的结果是否
一致。

```
pred = net.predict(img)
pred_name = label_names[pred]
```

参考文献

[1] 汤晓鸥，陈玉琨 . 人工智能基础（高中版）[M]. 上海：华东师范大学出版社，2018.

[2] 陈玉琨 . 人工智能入门（第二册）[M]. 北京：商务印书馆，2019.

[3] 陈玉琨 . 人工智能入门（第三册）[M]. 北京：商务印书馆，2019.

[4] 宋楠，韩广义 . Arduino 开发 [M]. 北京：清华大学出版社，2014.

附录 《人工智能与开源硬件》课程实施建议

一、课程性质

在中小学开展人工智能教育，旨在为培养符合智能化社会需求的、具备良好计算思维和编程能力的创新人才奠定基础。一方面帮助中小学生了解人工智能对现代社会的影响，关注相关前沿知识，发展人工智能意识和信息伦理道德；另一方面帮助他们增长技术应用技能，激发利用人工智能技术创建美好世界的情感。

中小学人工智能是一门实践性课程。人工智能无疑是当前信息技术应用领域中最"杰出"的代表。中小学人工智能课程的实施需要从贴近学生日常生活的人工智能技术出发，让学生通过动手、动脑等实践活动，了解和掌握人工智能技术的原理、方法和技能，尝试提出新问题、新思路、新办法，达到发展创新意识和提高解决实际问题能力的目的。

中小学人工智能是一门综合性课程。人工智能科学除了涉及信息科学外，还涉及脑科学、神经科学、认知心理学等。人工智能技术包含计算机硬件、大数据、各类算法等多领域技术知识，广泛应用于各行各业。人工智能课程的学习需要将信息、技术、数学、艺术等多学科知识进行有效融合，运用观察、体验、实践等多样化的学习方式，以促进综合素养的发展和提升。在知识领域和能力发展方面都需要处理好"分"与"合"的关系，努力提升学生整体认知，促进能力全面发展。

中小学人工智能是一门发展性课程。人工智能的发展经历了多次跌宕起伏，每一次浪潮的到来无不伴随着技术的创新与突破。当前人工智能正迎来难得的发展契机，蕴含着旺盛的生命力，并带来无限的可能。中小学人工智能课程需要与时俱进，和技术前进的步伐保持同步，在目标设定和内容设置上，应有一定的前瞻性、开放性和灵活性，同时也要有相对的稳定性。

二、课程目标

1. 人工智能意识

通过课程的学习，提升学生对人工智能技术的敏感度，让学生逐步形成如下认识。

（1）人工智能技术的应用具有广泛性。人工智能的触角已经延伸到工农业生产和生活等很多领域。借助人工智能这个好帮手，可极大地提升学习工作效率，更高效地获取信息、处理信息、生成信息。要帮助学生认识到在许多智能化技术应用中，人工智能发挥了不可或缺的支撑作用。

（2）人工智能技术尚不完善。人工智能还处于快速发展期，还需要人类不断开发和创新，拓展其应用领域并提升应用品质。

（3）人工智能技术具有巨大潜力。人工智能正对世界产生着革命性的影响，很多传统技术手段难以解决的问题，在人工智能面前迎刃而解。

本书中以案例的形式呈现了很多人工智能在生活中的应用，在教学活动中教师可以为学生创造讨论的机会，引发思考，将人工智能技术运用到更多场景中，形成人工智能意识。

2. 技术创新思维

人工智能技术的应用具有超出想象的创新空间，人工智能课程对促进学生创新思维的发展具有重要价值。通过课程学习，帮助学生认识到技术的发展永无止境，进而逐渐增强了解新技术的兴趣、探究新技术的热情、改善新技术的激情。引导学生学会观察、质疑、评价，辩证地看待技术的利弊，发现技术存在的问题和不足。在此基础上，尽可能地提出有价值的改进思路和建议，运用所学的人工智能知识和技术，积极探索、大胆想象，创造性地解决问题，形成具有创新特点的方案和作品。课程应着力让学生的技术创新思维成为思维的常态，为创新精神、创新能力的发展奠定坚实的基础。书中以"能听""能看""能动"……为主题引导学生学习、使用人工智能技术进行项目学习，在课程实施的过程中，教师可以创造更多实践与探索的机会，让学生能够学以致用。

3. 应用实践能力

人工智能课程作为一门实践性课程，有助于学生在应用人工智能技术过程中，增进对技术的亲切感、敏感性，逐步提升综合应用技术、驾驭技术的水平。让学生在动手、动脑的实践过程中，加深对所学知识的理解和掌握，学以致用、融会贯通。培养学生实事求是、严谨细致、精益求精、不畏困难的优良工作态度和作风，渗透工匠精神的传承。发展学生劳动观念、安全意识、合作意识，切实把培养社会主义建设者、接班人的长远目标融入当前的课程教学之中。同时，也为学生的人生规划、职业生涯发展规划等发挥一定作用。

4. 智慧社会责任

通过课程学习，让学生认识到人工智能技术的应用，对智慧社会发展发挥着持续、强有力的推动作用。引导他们有志于运用人工智能技术促进国家的强盛、提高人民生活水平，服务于人类的发展。同时，感悟技术与人、自然、社会的关系，就人工智能技术对人、社会、环境的影响做出理性的分析，形成技术安全和责任意识，提升技术伦理和道理意识。在自己遵守智慧社会的道德的同时，增强维护社会信息安全的责任，注意防范人工智能技术不合理应用造成的负面影响。

三、教学提示

1. 遵循学生认知规律

教学中注意切合学生的认知特点，按照科学的逻辑顺序推进教学：由易到难、由简单到复杂、由体验到模仿、由模仿到创新、由感性到理性。突出学生的学习主体地位，贴近学生生活经验，考虑学生的学习喜好，让他们在玩中学，按照"体验—思考—实践—创新"的顺序开展教学。

2. 切合学生能力水平

人工智能技术具有复杂性、综合性、前瞻性等特点，因此在教学中设置的问题情境、开展的实践活动、布置的开发任务，应注意切合学生的能力水平，充分考虑他们的知识基础和动手能力，避免盲目拔高，导致超出学生实际而"欲速则不达"。

3. 以实践为载体促进知识内化

人工智能技术是一项多学科融合的新技术，在课堂教学中要引导学生使用新技术完成探究、实践、反思的过程。将人工智能技术融入到学科实践中，充分做到"做中学"。

四、教学评价建议

1. 综合运用多种评价方式

人工智能课程内容类别多样，学习方式多样，单一的评价方式难以有效反映学生的整体学习状况。建议采用成长记录袋、作品评价、合作交流与经验分享、小组竞赛等多种方式对学生学习成就进行综合评价。课上练习可以与课后作业相结合，根据实际需要加入适量的学生综合实践、社会调查、作品设计与制作、作品展示等内容。

2. 开展表现性评价

表现性评价是对学生在真实情境中完成某项任务或任务群时所表现出的语言、文字、创造和实践能力的评定，也指对学生在具体的学习过程中，所表现出的学习态度、努力程度以及问题解决能力的评定。表现性评价比较适合评定学生应用知识、整合学科内容以及决策、交流、合作等能力。

人工智能课程的表现性评价可采用如下方式：对日常学习中的态度、参与度、习惯等表现评价；对开放式问题的思考、回答评价；对成果的实际操作过程及展示的评价；对高层次学力状况的"思考能力、判断能力、表现能力"的评价等。